Hühnerglück in meinem Garten

Alles Wissenswerte über Anschaffung und Haltung

ulmer

Élise Rousseau

Hühnerglück in meinem Garten

Alles Wissenswerte über Anschaffung und Haltung

Aus dem Französischen von Claudia Händel

WIE ES ANFING

HÜHNER WAREN

SCHON IMMER TEIL MEINES LEBENS

Wie kann man nur ohne Hühner leben? Darauf habe ich angesichts der zahlreichen Wohltaten, die uns Hühner täglich zuteilwerden lassen, keine Antwort. Viele Menschen belächeln meine Leidenschaft für Hühner mit ihrer gedrungenen Erscheinung, die als „schwachsinnig“ und „dumm“ gelten, und meine Zuneigung für dieses Geflügel stieß bei mehr als einem meiner Mitmenschen auf Unverständnis.

Wer jedoch einmal die Gesellschaft von Hühnern erfahren hat, wird es sich so schnell nicht wieder anders überlegen. Mit seinem abwechselnden Einsatz als Schneckenjäger, Wecker, Eierlieferant oder Haustier leistet uns das Huhn jede Minute des Tages Gesellschaft – nur nachts nicht, denn es geht ja mit den (anderen) Hühnern schlafen!

Das Huhn zieht eine Wahnsinns-Show ab und vollführt Kapriolen, die direkt einem Zeichentrickfilm von Tex Avery entsprungen sein könnten. Dessen ganzer abgedrehter Humor scheint sich im Verhalten eines Huhns zu bestätigen. Erbitterte Verfolgungsjagden, verrückte Hähne, die von Sonnenaufgang bis Sonnenuntergang krähen, unkontrollierte Entgleisungen, misstrauische oder neugierige Blicke – das Huhn ist ein Tier, das ständig in Aktion ist. Da ich bereits Bekanntschaft mit zahlreichen Haustieren gemacht habe, weiß

ich, dass nur wenige ein derart ausgeprägtes Potenzial für Komik aufweisen wie das Huhn. Katzen, Hunde oder Pferde haben ihre komischen Momente, aber nur dann und wann. Der Goldfisch ist ein trauriger Kerl. Die Ente hat die immer gleichen Späße auf Lager. Nur das kleine verfressene Meerschweinchen könnte es an Komik mit dem Huhn aufnehmen. Aber natürlich ist es viel zu sanft. Das Huhn, ohne Glauben und Moral, bietet uns reichlich Situationskomik. Sie werden feststellen, dass es keine Gelegenheit auslässt, um sich bemerkbar zu machen. Das Huhn ist ein Tier mit außerordentlichem Ausdrucksvermögen, es verfügt über sehr differenzierte Verhaltensweisen und ein mannigfaltiges Lautrepertoire. Von Dummheit kann daher keine Rede sein. Selbst wenn es einen auf blöd macht, vergibt man ihm, weil es so komisch ist! Nicht nur wegen ihres Sinns für Komik und ihrer Eigenschaften müssten die Anschaffungskosten von Hühnern eigentlich von der Sozialversicherung übernommen werden.
Hühner sind ökologisch wertvoll: Sie ersetzen in gewissem Maße den Kompost, da sie viele Abfälle verschlingen, die dann in schöne frische Eier umgewandelt werden.
Hühner sind sparsam: Sie geben sich mit wenig zufrieden und freuen sich über fast alles.
Hühner sind sympathisch: Sie werden handzahm, wenn man sie von klein auf hält und ihnen ins Ohr, das sich unter ihrem Federkleid versteckt, zu flüstern weiß.
Hühner stecken voller Energie: Sie bringen Leben in den Garten, da sie ununterbrochen in Bewegung sind, immer auf der Lauer nach einem Wurm oder einem Korn.
Hühner sind robust: Daher sind sie leicht aufzuziehen und werden mit etwas guter Pflege selten krank.
Ihre Lebensfreude heitert trübsinnige Gemüter auf, ihr Optimismus vertreibt die dunklen Gedanken, ihre Lebhaftigkeit bringt noch den Untätigsten auf Trab.
Also, kann man ohne Hühner leben? Nachdem ich es ein paar Jahre lang ausprobiert habe, fand ich es recht deprimierend. Von dem Schauspiel dieser „dicken Bertas“ mit ihrem Wackelgang, die wie Kaffeetanten mit bauschigen Unterröcken heranrauschen und sich mit aller Gefräßigkeit dieser Welt im Blick auf mich stürzen, voller Erwartung, dass ich ihnen ein paar kleine Käsehäppchen oder zerkochte Nudeln bringe, kann ich einfach nicht genug bekommen.

Diese kleine Zwerg-Cochin scheint ganz schön neugierig zu sein.

SEINE/N PARTNER/IN VON DER HÜHNER HALTUNG ÜBERZEUGEN

DIE RICHTIGEN ARGUMENTE UND WELCHE FRAGEN MAN SICH STELLEN SOLLTE

„Wo die Liebe hinfällt …" und wenn sie auf Hühner fällt?

Sie träumen davon, Hühner zu halten, aber Stefan oder Katrin sträuben sich? „Sie scharren meine Tomatenpflanzen aus", sagt sie. „Sie werden auf die Terrasse kacken", protestiert er. „Und dann hat man die ganze Kacke an den Schuhen." Stefan und Katrin haben nicht ganz Unrecht. Mein Großvater hat immer gesagt, dass ein Huhn eines jeden Gärtners Feind ist: Es scharrt überall, ist völlig vernarrt in Salatblätter, verwüstet einen Gemüsegarten in null Komma nichts.

Das stimmt alles. Böswillig derjenige, der dies abstreiten wollte. Und nun? Sofern man nicht mit dem größten Gärtner aller Zeiten, dem Leonardo da Vinci der Zucchini oder dem Rubens der Kartoffel, zusammenlebt, sind wir uns einig, dass der Gemüsegarten von Stefan oder Katrin meist nicht mehr als ein paar Quadratmeter umfasst – ganz abgesehen von den winzigen Tomaten und schwächelnden Kürbissen, die er hervorbringt (aber aus Liebe tun wir so, als ob wir sie köstlich finden).

Und ein paar Quadratmeter lassen sich sehr gut einzäunen, um den heiligen Gemüsegarten vor einer Invasion der Hühnerschar zu schützen.
Dasselbe gilt für die Kothaufen auf der Terrasse. Natürlich machen es sich die Hühner leicht, wenn man sie überall herumlaufen lässt, und lassen hie und da einen Kothaufen fallen. Aber hast du gewusst, Stefan, was ein Hühnerstall samt Auslauf ist? Ein eingezäunter, eingefriedeter, umschlossener Platz, wo das Geflügel herumtollt. Die Hühner dürfen nicht jederzeit überall herumlaufen! Man kann sie dann und wann unter strenger Aufsicht sehr gut im Garten frei laufen lassen. Außerdem braucht man anfangs nicht gleich ein paar Dutzend Hühner. Zwei, drei Junghühner genügen, um eine(n) skeptische(n) Partner(in) allmählich an unsere kleinen geflügelten Zeitgenossen zu gewöhnen. Bis er/sie nicht mehr ohne sie sein will.
Und ganz ehrlich, zwei Junghühner richten keinen großen Schaden an.
„Aber ein Huhn ist dumm." Also das stimmt nun wirklich nicht! Ansonsten wären ja alle Vögel dumm (siehe Seite 140).
„Und was macht man mit ihnen während des Urlaubs?" Dafür findet sich auch eine Lösung. Hühner sind sehr selbstständig und dank ihrer Eier ist ihnen das Wohlwollen der Nachbarn sicher (siehe Seite 65).
Das wäre geschafft! Stefan oder Katrin, überzeugt

GUTE GRÜNDE FÜR DIE HÜHNERHALTUNG

- Sie legen gute, frische und im Geschmack unvergleichliche Eier, die so im Handel nicht zu finden sind, für göttliche Frühstückseier oder köstliche Kuchen (kulinarisches Argument).
- Die Kinder freuen sich darauf, noch warme Eier im Nest suchen zu dürfen und beobachten gleichzeitig die Natur (erzieherisches Argument).
- Man kann Bio-Hühner aufziehen und sie verzehren (für alle, deren Nerven stark genug sind, um aus Henni und Hugo einen Braten zu machen ...).
- Sie werden Küken haben, das ist doch einfach zu niedlich (sentimentales Argument).
- Sie fressen die Küchenabfälle und verwerten sie (ökologisches Argument).
- Sie leisten uns Gesellschaft (emotionales Argument).
- Man hat das Gefühl, auf dem Land zu leben (Argument für frustrierte Vorstädter).
- Hühner sind keine anspruchsvollen Haustiere (praktisches Argument).
- Sie locken kleine Vögel im Garten an und tragen zum Erhalt der Biodiversität bei (zweites ökologisches Argument).
- Sie sind hübsch, bestimmte Zierrassen sind einfach wunderschön (ästhetisches Argument).
- Auf keinen Fall kann ich ohne Hühner überleben (ultimatives Argument, emotionale Erpressung wird in Kauf genommen). Man kann sogar noch weiter gehen: „Wenn du mich wirklich liebst, kannst du mir ein paar Hühner nicht abschlagen."

durch unseren Enthusiasmus, haben sich den Tatsachen gebeugt: Wir bekommen Hühner!
Hier nun die Fragen, die Sie sich – als Single oder als Paar – stellen sollten, bevor Sie sich Geflügel zulegen.
Für alle, die noch nie ein Haustier hatten:

- Habe ich genügend Ausdauer, um mich jeden Tag um mein Huhn zu kümmern, ihm zu fressen und zu trinken zu geben und zu kontrollieren, dass es ihm gut geht?
- Nehme ich mir die Zeit, mich hinreichend über die Verhaltensweisen der Hühner zu informieren (dieses Buch bis zur letzten Seite zu lesen)?
- Habe ich Nachbarn, Familienangehörige oder Freunde, die während des Urlaubs vorbeischauen?
- Bin ich vor allen Dingen bereit, alles für mein Huhn zu tun?

Denn auch wenn ein Huhn weitaus weniger anspruchsvoll als andere Haustiere ist, sehr gut ohne uns zurechtkommt und nicht sabbert, auf die Couch pinkelt, den Mond anheult und ins Zittern verfällt, wenn es allein gelassen wird (schau' mir in die Augen, Bello ...), so verlangt es doch nach einem Mindestmaß an Pflege und Aufmerksamkeit.

Junges handzahmes Orpington-Huhn.

HABE ICH DEN NÖTIGEN PLATZ?

Jeder, der sich Hühner anschaffen möchte, stellt sich immer wieder die Frage, ob der Platz ausreicht. Wenn man bedenkt, dass einem Huhn in Massentierhaltung der schlimmsten Ausprägung 750 cm^2 (das ist etwas größer als die Fläche eines DIN-A4-Blattes Papier) zum Überleben zur Verfügung steht (grauenhaft), hat es gute Aussichten, in jedem beliebigen Garten zu überleben. Ich erinnere mich an ein durch einen unglaublichen Zufall aus Massentierhaltung gerettetes Huhn, das ein Landwirt auf seinen Bauernhof mitgebracht hatte. Das arme Tier war durch so viel Platz derart verstört, dass es mehrere Tage brauchte, bevor es sich mehr als ein paar Meter fortbewegte. Trunken vor Freiheit verbrachte es seine Zeit damit, immer an derselben Wand entlangzulaufen. Etwas später hatte es die Sache mit dem Platz begriffen und eroberte sein neues Territorium. In Wirklichkeit lieben es Hühner nämlich, herumzuspazieren, zu laufen,

herumzustrolchen, und je mehr Platz sie haben, umso besser geht es ihnen. Man sagt auch, dass ein Huhn, damit es ihm wirklich gut geht, mindestens 15 bis 20 m^2 Freilauf pro Vogel benötigt. Denken Sie bitte auch an die Anschaffung oder den Bau eines Hühnerstalls. Wenn Stefan handwerklich geschickt ist, wird es ihm eine Freude sein, Ihnen einen Hühnerstall nach Maß zu bauen, Fensterläden und Spitzenvorhängchen inklusive. Falls nicht, kann man einen Hühnerstall fix und fertig über das Internet bestellen – man muss ihn nur noch zusammenbauen. Für das Huhn ist der Hühnerstall unverzichtbar: Er ist sein Zuhause. Dort schläft es und legt seine Eier, dort sucht es Schutz vor großer Kälte. Ein umgebauter Geräteschuppen tut es auch (siehe folgendes Kapitel).

IST DIE HALTUNG VON ZWEI ODER DREI HÜHNERN AUFWENDIG?

Nein, nicht wirklich. Erst ab fünf oder sechs Hühnern wird der Zeitaufwand etwas größer. Hühner müssen nicht spazieren geführt werden, man muss weder täglich ihr Fell bürsten, damit sie anständig aussehen, noch zwei Stunden am Tag mit ihnen

Ein erwachsenes Orpington-Huhn. Die Rasse stammt ursprünglich aus England.

spielen, damit ihr seelisches Gleichgewicht intakt bleibt, noch müssen sie bewegt werden, damit sie keinen Speck ansetzen, oder ans Ende der Straße geführt werden, um ihr Häufchen zu machen. Hühner sind cool. Außerdem haben sie es im Großen und Ganzen ziemlich gerne, wenn man sie in Frieden lässt. Hühner müssen nur täglich ihr Futter bekommen, man muss jeden Tag die Eier einsammeln, ihren Hühnerstall öffnen und schließen (es gibt aber auch automatisch öffnende Türen für die ganz Faulen unter uns), einmal am Tag einen Blick auf alles werfen, um zu kontrollieren, dass kein Huhn krank ist. Man muss ihnen auch jeden Tag frisches und sauberes Wasser zur freien Aufnahme zur Verfügung stellen. Die Einstreu im Hühnerstall wird alle zwei oder drei Wochen, je nachdem wie schnell sie verschmutzt, gereinigt beziehungsweise erneuert, und zweimal im Jahr findet im Frühjahr und Herbst ein Großputz statt, um ein möglichst hygienisches Stallklima zu erreichen. Selbst der Goldfisch in seinem berüchtigten Aquarium und mit seinen fadenförmigen Ausscheidungen, die sich mit unglaublicher Geschwindigkeit ansammeln, ist anspruchsvoller als jedes Huhn!

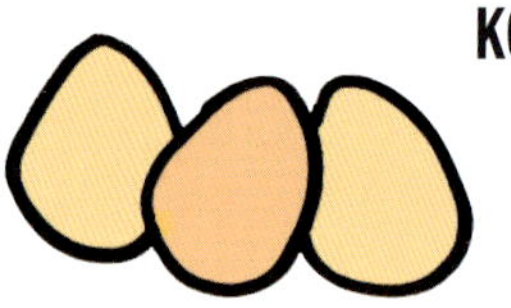

KOSTEN? FAST KEINE!

Die täglichen Ausgaben für Hühner können zwischen annähernd null Euro, wenn sie frei in einem großen Gehege und zu großen Teilen von Tischabfällen leben, und mehreren Dutzend Euro für Körnerfutter pro Monat liegen. Rundheraus gesagt: dreimal nichts im Vergleich mit anderen Haustieren! Das ideale Tier im Falle einer Finanzkrise. Finanziell verwöhnte Menschen können ihr Budget aufstocken und ihren Hühnern Bio-Körner und andere köstliche Leckerbissen kaufen oder ihren Hühnerstall extradick einstreuen. Selbst wenn Ihnen das Geld locker sitzt, dürften Sie es schwer haben, wegen der Hühner Ihr Sparschwein schlachten zu müssen – sofern kein größerer tierärztlicher Notfall eintritt, was relativ selten ist, da diese Damen eine robuste Natur haben (siehe Seite 77). Auch wenn man mit der Lupe danach sucht, ist es schwierig, etwas zu finden, womit ein Huhn Ihrem Geldbeutel schaden könnte. Denn das Huhn ist nun mal das günstigste Haustier, das es gibt. Selbst bei der Anschaffung kostet ein erstklassiges junges Zierhuhn guter Herkunft gerade einmal um die 30 Euro (während ein Welpe einer bekannten Rasse über 1000 Euro kostet und dabei nicht einmal Eier legt, sondern den Schrank Ihrer Großmutter annagt und auf Ihre Hausschuhe pinkelt). Und Küken werden häufig für 1 oder 2 Euro das Stück verkauft. Abgesehen vom Standardgoldfisch oder dem Wurf Kätzchen des Nachbarn, die niemand will, kann kein Haustier mit dem Anschaffungspreis eines Huhns konkurrieren. Und im Unterschied zu anderen Tieren, die nur Stinkhäufchen hervorbringen, bringt das Huhn in seiner unendlichen Güte Eier hervor. Ein Huhn ist nützlich, sparsam und die Investition in Hühner belastet niemandes Geldbeutel. Es ist kein Zufall, dass überall auf der Welt die Armen, die auf dem Land leben, Hühner besitzen. Auch wenn sich nicht jeder eine Kuh oder eine Ziege leisten kann, ein paar Hühner sind drin.

DAS FEDERVIEH WILLKOMMEN HEISSEN

EINEN HÜHNERSTALL BAUEN

„Ist das Huhn glücklich, freut sich der Mensch (über leckere Eier).“

Bevor Sie Ihre Hühner willkommen heißen, bereiten Sie im Vorfeld ihre Unterkunft vor. Sollten Sie Ihren Hühnerstall erst bauen, wenn Ihre Junghühner schon da und zutraulich sind, kann es passieren, dass sie Ihnen die ganze Zeit im Weg sind und sich mit jedem beschäftigen, der sie nicht beachtet. Eines kontrolliert, dass Sie ja keine Regenwürmer mopsen, das andere rupft Ihnen die Knöpfe von Ihrer Hosentasche ab (und frisst sie womöglich), ein drittes kackt auf die Bretter, wieder ein anderes kippt die Schachtel mit den Nägeln um … Kurzum: Besser ist es, vorher alles vorzubereiten.

Für ein Huhn ist es sehr wichtig, dass es im Trockenen und vor Luftzug geschützt schlafen kann – vorzugsweise erhöht. Denken Sie daran, Ihren Hühnerstall mit sehr stabilen Sitzstangen auszustatten, die das Gewicht der Hühner tragen können. Denken Sie auch daran, mehrere solcher Stangen anzubringen, denn die Hühner zanken sich abends häufig um den besten Platz. Nehmen Sie glatte Stangen

AN DIE KRANKENSTATION DENKEN

Man sollte bei der Planung einen gut geschützten Ort berücksichtigen, wo Sie gegebenenfalls ein krankes oder brütendes Huhn unterbringen können. Eine Art Krankenstation kann direkt im Hühnerstall geplant werden, einschließlich Unterschlupf und einem kleinen Auslauf – wichtig dabei ist, das Huhn von allen anderen isolieren zu können. Diese Einrichtung wird Ihnen noch gute Dienste leisten.

mit einem rechteckigen Querschnitt, bei denen die Kanten aber schön gebrochen sind – keine flachen oder rauen, damit Ihre zukünftigen Freundinnen gut darauf sitzen können.
Sie müssen wissen, dass Ihre Hühner den Teil des Gartens, den Sie für sie abstecken, aufscharren. Es wird bald kein Gras mehr übrig sein, wenn ihr Freilauf nicht groß genug ist. Sie können jedoch Johannisbeer- und Himbeersträucher pflanzen: Hühner ruinieren diese Sträucher nicht und lassen sich gerne ihre Beeren schmecken (rechnen Sie nicht mit einer Beerenernte für sich, wenn sich diese Sträucher in Reichweite der Hühnerschnäbel befinden ...). Auch ein Weinstock macht sie glücklich. Bauen Sie ein kleines Mäuerchen und legen Sie rund um jeden gepflanzten Strauch große Kieselsteine, damit die Hühner nicht deren Wurzeln freischarren.

HÜHNERSTALL FÜR KLEINE KÖNIGINNEN

Von der Größe des Hühnerstalls hängt es ab, wie viele Hühner Sie anschaffen können (und umgekehrt). Man sagt, auf durchschnittlich 1,5 m^2 kommen drei Hühner. In jedem Fall gilt sowohl für den Hühnerstall als auch für den Freilauf, dass die Hühner umso seltener krank werden, je mehr Platz sie haben. Eine geräumige Unterkunft ist viel leichter sauber zu halten. Bei zu beengt gehaltenen Hühnern entwickeln sich Mikroben und Parasiten viel schneller und Viren übertragen sich leichter von einem Tier auf das andere. Es gibt eine Vielzahl von Hühnerställen: Manche ähneln kleinen Häusern, andere sind erhöht auf Stelzen gebaut (dadurch sind sie gegen Feuchtigkeit isoliert und schützen vor Raubtieren), wieder andere sind besonders funktionell. Im Internet sind Bauanleitungen für Hühnerställe leicht zu finden. Es ist auch möglich, Selbstbausätze zu bestellen. Sie können auch ein Gartenhaus oder ein altes Gebäude (mit Fenster!) zu einem Hühnerstall umfunktionieren.
Der Hühnerstall muss gut gegen Kälte, Feuchtigkeit, Luftzug und Hitze isoliert sein.
Denken Sie auch daran, den Hühnern ein gemütliches Nest aus Stroh anzubieten, das etwas versteckt und nicht in der Nähe der Sitzstangen liegt, um nicht dem nächtlichen Kotabsatz zum Opfer zu fallen. Dort werden die Hühner ihre Eier legen, sobald sie im Legealter sind. Damit sie in das Legenest gehen, legen Sie dort ein künstliches Ei aus Gips

oder Kunststoff hinein. Hühner lieben es, dort zu legen, wo bereits ein anderes Huhn ein Ei gelegt hat. Rechnen Sie ein Legenest für drei Hühner.
Passen Sie auf, wenn Sie einen Hahn haben: Konstruieren Sie Ihren Hühnerstall so, dass er gut vor Licht geschützt ist, zum Beispiel durch kleine Fensterläden, um zu verhindern, dass der gnädige Herr bereits um 4 Uhr morgens oder in der Nacht bei Vollmond kräht. Ein Hühnerstall mit einer guten Schalldämmung ist kein Luxus, wenn Sie weiterhin gute nachbarschaftliche Beziehungen pflegen wollen. Und öffnen Sie diesem Krakeeler den Hühnerstall nur zu erträglichen Uhrzeiten, unter der Woche nicht vor 8 Uhr und am Wochenende nicht vor 10 Uhr, wenn Sie richtig sympathisch rüberkommen wollen. Hahn und Hennen werden nicht viel Aufhebens davon machen: Sie können ab und zu etwas länger als gewöhnlich im Hühnerstall eingeschlossen sein. Abends ist es praktisch: Die Hühner kehren von ganz allein in den Hühnerstall zurück, sobald die Dämmerung einsetzt. Manche sind regelrechte Frühschläfer, andere

Für die Füße sind abgerundete Kanten an den Sitzstangen am bequemsten.

RATTEN UND MÄUSE DRAUSSEN HALTEN

Bewahren Sie Ihr Getreide in einer hermetisch verschlossenen großen Metalltonne auf. Das ist ganz wichtig. Lassen Sie Getreidesäcke niemals herumliegen. Überfüttern Sie die Hühner nicht, nachts dürfen keine Futterreste herumliegen, da dies Nagetiere anlockt. Der folgende Ratschlag mag idiotisch klingen, aber wenn Sie Ratten haben, die Sie loswerden möchten, streuen Sie kein vergiftetes Getreide aus! Es sei denn, Sie wollen das komplette Hühnervolk vergiften ...

wiederum sind richtige Nachteulen und warten bis zum letzten Moment, bevor sie ihr Domizil aufsuchen. Wenn ein Huhn sich zum Schlafen zurückzieht, führt dies häufig dazu, dass die anderen es ihm gleichtun wollen und schon drängeln sie sich an der Tür zum Hühnerstall. Das Schlafengehen der Hühner dauert etwas, mit dem ganzen Rein und Raus und Wiederaufwachen und den Diskussionen. Zwingen Sie sie nicht, in ihre Unterkunft zu gehen: Hühner ertragen keinen Zwang und flüchten ans andere Ende des Gartens, nur um Sie zu ärgern. Sie wollen selbst entscheiden, wann sie schlafen gehen. Sobald die kleine Schar sich auf ihren Hochsitz zurückgezogen hat, schläft sie schnell ein. Nun ist nur noch die Tür des Hühnerstalls für die Nacht zu schließen. Die Ankunft des „Türschließers" weckt die Hühner vielleicht aus dem Halbschlaf und sie geben einige Protest-

gluckser von sich. Am besten ist es, mit ihnen zu sprechen: Wenn sie jede Nacht die Stimme der gleichen Person hören, werden sie ihr bald keine Aufmerksamkeit mehr schenken.

EINE WOHLDURCHDACHTE EINFRIEDUNG

Die Einzäunung des Freilaufs, den die Hühner tagsüber benutzen, ist aus verschiedenen Gründen sehr wichtig:

- zum Schutz der Hühner vor Raubwild
- um die Hühner daran zu hindern, wegzurennen oder wegzufliegen(bestimmte Hühnerrassen können leicht einige Meter hoch fliegen und buchstäblich die Fliege machen)
- wenn der Freilauf auch oben vergittert ist, wird verhindert, dass andere Vögel hineinkommen (wichtig bei Vogelgrippe oder zum Schutz vor Habichten)

Zunächst benötigt man einen Maschendrahtzaun, dessen Maschen maximal 1 cm sind, damit kein Wiesel eindringen kann. Die Einzäunung muss mindestens 1,30 m hoch sein. Die Zaunpfosten müssen auf der Zauninnenseite angebracht werden (um Raubwild keinen

WAS IST EIN HUHN?

- Sein lateinischer Name: *Gallus gallusdomesticus*.
- Das Huhn ist ein Vogel (auch wenn es gerade mal ein paar Meter fliegt). Es hat Federn, Flügel, einen Schnabel, einen leichten Knochenbau. Und es legt Eier.
- Das Huhn gehört zur Ordnung der *Galliformes*, auch Hühnervögel genannt (wie Fasane, Truthähne oder Wachteln).
- Das Huhn ist omnivor, das heißt, es frisst ein bisschen von allem.
- Seine Lebenserwartung kann bis zu zwölf Jahren betragen (zwölf Jahre alte Hühner sind nicht selten, wobei Altersrekorde von über 15, ja bis zu 20 Jahren verzeichnet werden). Die Legefähigkeit lässt nach zwei bis drei Jahren stark nach. Die Hühner alter Rassen werden älter als Hybridhühner aus industrieller Tierhaltung.
- Das männliche Huhn wird „Hahn", das weibliche Huhn „Henne", das kleine Huhn „Küken" und die jungen Hühner werden „Hähnchen" oder „Hühnchen" genannt.
- Ein Kapaun ist ein Hahn, der zwecks Mast kastriert wurde.

WELCHE ANDEREN TIERE PASSEN ZU HÜHNERN?

Hühner leben in der Regel gut mit allen Tieren des Hofs zusammen. Dafür benötigen sie jedoch ausreichend Platz, damit man sich nicht in die Quere kommt. Gänse können die Hühner manchmal zwicken. Und Enten verfolgen sie regelmäßig. Die Hühner ziehen sich elegant aus der Affäre, indem sie hoch gelegene Plätze aufsuchen: Die tollpatschigen Enten können sich darunter hin- und herdrehen und schnattern, die Hühner scheren sich nicht darum.
Sie verstehen sich sehr gut mit Pferden, deren Pferdeäpfel sie liebend gerne untersuchen. Das Pferd als Grandseigneur gestattet ihnen manchmal, im Pferdestall auf ihrem Rücken zu schlafen. Das ist eine Luxus-Sitzstange, mit Fußheizung und Schutz vor sämtlichem Raubwild. Hühner lieben es, in der Nähe von Pferden zu schlafen, unter einem Wassertrog oder hoch oben auf dem Balken einer Box. Sie bauen regelmäßig ihr Nest in der Einstreu. Weitaus weniger beliebt bei Hühnern sind Katzen und Hunde. Hühner beachten Kaninchen in der Regel nicht, aber wenn sie nicht an sie gewöhnt sind, können sie vor ihrem Hakenschlagen Angst haben oder versuchen, sie zu picken.
Jedenfalls ist alles eine Frage des Platzes. Unfälle treten meist in zu engen Gehegen auf.

Halt zu bieten). Der obere Teil des Zauns sollte im Winkel von 30 ° nach außen umgebogen werden. Dadurch wird das Eindringen von Raubwild verhindert. Man kann aber auch den Hühnerauslauf oben vergittern, wie eine Art große Voliere. Damit Füchse sich nicht unter der Einzäunung durchgraben können, muss der untere Teil des Zauns etwa 1 m breit L-förmig umgebogen und der umgebogene Teil dann waagerecht eingegraben werden. Dadurch wird es für den Fuchs unmöglich, sich durchzugraben! Noch einfacher geht es, wenn man große und schwere Platten rund um die Einzäunung verlegt: Auch hier gelingt dem Fuchs das Graben nicht. Eine andere Möglichkeit, einen Hühnerstall samt Auslauf zu sichern, besteht in der Errichtung eines Elektrozauns.

Ankunft der Hühner

Auswahl der Rasse und Transport der Hühner

„Nur nicht ängstlich", sagte der Hahn zum Regenwurm.

Nun ist es so weit, der Hühnerstall ist fertig. Jetzt muss man nur noch seine Hühnerschar aussuchen. Für Würmer, Schnecken und Nacktschnecken brechen harte Zeiten an! Ihr schlimmster Albtraum wird bald in diesem Garten wahr!

WELCHES HUHN IST DAS RICHTIGE?

Es gibt Dutzende und Aberdutzende von Hühnerrassen, da ist für jeden etwas dabei. Kaufen Sie nicht das erstbeste Huhn aus industrieller Tierhaltung. Nehmen Sie sich Zeit, um den sympathischen Kleintierzüchter zu finden, der Ihnen eine hübsche, traditionelle Rasse vorschlägt (Amrocks, New Hampshire, Rhodeländer, Italiener, Sundheimer ...) oder aber eine schöne Zierrasse (Orpington, Brahma, Sultanhuhn ...). Es ist besser, Rassen mit kleinen Beständen und ihre passionierten Züchter zu unterstützen, als sein Geld in Industriehühner aus Eierfabriken zu investieren, denen jegliche Romantik abgeht. Denn es gibt wahrhaft fabelhafte Hühnerrassen wie die Araucana, die türkisfarbene Eier legen, Marans mit großen schokoladenfarbenen Eiern oder auch die japanischen Onagadori-

Hühner, deren fantastischer Hahn mit einem langen unvergleichlichen Schwanz prunken kann.
Sie müssen sich auch überlegen, ob Sie lieber eine gute Legehenne möchten (Italiener, Minorka, Spanier ...) oder lieber eine Rasse, die ausgezeichnetes Fleisch liefert (Sundheimer, Deutsche Lachshühner, Sulmtaler ...). Viele Rassen sind Zweinutzungsrassen, die beides ermöglichen. Bestimmte Zierrassen dagegen sind weder als Legerassen noch zum Verzehr geeignet (Sebright, Yokohama ...).
Schließlich gilt es zu bedenken, ob Sie eher Rassen bevorzugen, die in Richtung Landhühner gehen (Italiener, Altsteirer ...), die riesigen und schwergewichtigen „dicken Bertas“ (Cochin, Orpington ...) oder die leichtgewichtigeren Zwerghühner (Zwerg-Cochin, Seidenhuhn ...). Wenn es sich um eine Erstanschaffung handelt, sind traditionelle Legehuhnrassen vom Typ Landhuhn wegen ihrer Robustheit ideal (Marans, Italiener, New Hampshire usw.).

Wenn Sie lieber Hühner wollen, die Ihnen Gesellschaft leisten oder als Freunde für Ihre Kinder, suchen Sie am besten Hühner aus, die für ihre Sanftmut bekannt sind. Die dicken und ruhigen Orpington mit ihrem superweichen und flauschigen Gefieder sind die ideale Gesellschaft für die ganze Familie. Ein wahrhaftiger Teddybär mit Kamm. Von dem winzigen, umgänglichen Bantam-Huhn mit seiner plüschigen Erscheinung in metallisch anmutenden Farben und mit seinem gleichermaßen ultraleichten und flauschigen Gefieder dürften alle kleinen Mädchen hingerissen sein – besonders wenn es in einem Mini-Hühnerstall untergebracht ist, der aussieht wie ein Puppenhaus. In die Kategorie superumgänglich fällt auch das Seidenhuhn, jedoch ist es recht brutbesessen und rührt sich den Großteil seiner Zeit nicht von seinem Nest weg. Deshalb ist es nicht unbedingt der ideale Kamerad.
Achten Sie darauf, nicht zu sanftmütige oder kleine Rassen mit lebhaften und streitlustigen Rassen zu mischen, da es die etwas schüchternen Hühner sonst schwer haben, an das Futter zu kommen. Sehr unterschiedliche Rassen gemeinsam zu halten ist nur möglich, wenn man viel Platz hat, damit sie sich nicht gegenseitig Konkurrenz machen.

WIE ALT SOLLTE DAS HUHN BEIM KAUF SEIN?

Wenn Sie ein Huhn zur Gesellschaft möchten, kaufen Sie es sehr jung (zwei bis drei Monate alt) bei einem Hobbyzüchter, der es von Anfang an aufgezogen und betreut hat (im Brutapparat erbrütete und dann mit viel Menschenkontakt aufgezogene Hühner sind am zutraulichsten). Sie sind einfach zu zähmen (siehe Seite 35). Treffen Sie eine gute Auswahl, denn ein Huhn, das Ihnen Gesellschaft leisten soll, wird sehr anhänglich und ist ein richtiges Haustier, das Sie bis zu seinem Tod begleiten wird. Spätestens dann kann nicht mehr die Rede davon sein, aus Henni zu Weihnachten ein Brathühnchen zu machen ...

Wenn Sie Lege- oder Fleischhühner wollen, kaufen Sie sie dennoch im Alter von vier bis fünf Monaten, wenn sie „startklar" sind. Lassen Sie sich niemals alte Hühner unterjubeln – die Legeleistung von Hühnern ist im jungen Alter am höchsten. Ab vier Jahren sind sie bereits alt und legen nur noch hie und da ein Ei. Hähnchen, die man zum Essen aufzieht, isst man in ihrem ersten Lebensjahr, wenn ihr Fleisch zart und noch nicht zäh ist.

Ein Junghuhn erkennt man an seiner geringen Größe (es ist nicht ausgewachsen) und daran, dass sein Kamm und seine Kehllappen noch nicht voll entwickelt und blasser als bei einem ausgewachsenen Huhn sind.

Ich rate Ihnen als Neuling in der Hühnerhaltung in jedem Fall davon ab, gleich mit Küken zu beginnen. Bei der geringsten falschen Berührung hat man diesen zarten Wesen den Hals verrenkt und sie sterben elend. Für Zartbesaitete, die sich erstmals an die Geflügelhaltung wagen, ist es ziemlich grässlich, mit anzusehen, wie ein plüschiges Küken mit seinem weichen Flaum – eines der winzigsten Lebewesen, die es gibt – verendet. Beginnen Sie lieber mit ein paar recht robusten Junghühnern.

Das Großziehen von Küken ergibt sich später, wenn Sie etwas abgehärteter sind. Wer sich dennoch in das Abenteuer „Küken" stürzen möchte, dem sei ans Herz gelegt, dass Küken ihre Körpertemperatur nicht selbstständig aufrechterhalten können und zwingend mit einer speziellen Wärmelampe nach einem besonderen Schema aufgezogen werden müssen. Außerdem brauchen sie spezielles Kükenfutter, speziell angepasste Tränken, kurz gesagt: Sie werden eine komplette Ausstattung, einen sogenannten „Kükenkäfig", anschaffen müssen. Darüber hinaus ist es bei den meisten Rassen nicht einfach, das Geschlecht der Küken zu

EIN AUTORITÄRES REGIME

Das Huhn ist ein Tier mit einer festen Rangordnung. Wenn Dickmadam die Althenne des Hühnerstalls ist, wird sie dies sehr wahrscheinlich über viele Jahre hinweg bleiben. Sie dominiert alle anderen Hennen. Sie hat eine Stellvertreterin, die wiederum alle anderen Hennen außer ihrer Chefin beherrscht. Und wenn die Stellvertreterin von ihrer Chefin angegackert wird, neigt sie dazu, sofort ein anderes Huhn anzugackern (Wie, kommt Ihnen das irgendwie bekannt vor?). Und so weiter und so fort bis zur rangniedrigsten Henne, dem Opfer des Hühnerstalls, das sein Leben im Zickzacklauf zwischen den Schnabelhieben verbringt.
Es ist wichtig, dass die Hühner ausreichend Platz haben, damit das letzte Huhn in der Hierarchie entspannt fressen kann und nicht zu sehr gestresst wird. Die Rangordnung ist von solcher Bedeutung, dass die Chefin manchmal mehr Zeit damit verbringt, die Regeln festzulegen als zu fressen, und sich köstliche Käserinden buchstäblich unter dem Schnabel wegschnappen lässt. Die Althenne ist daher nicht unbedingt das Huhn, das am meisten frisst, sondern das sich von seinen Untergebenen ausnehmen lässt. Ich habe außerdem kleine Provokationen beobachtet. So hatte eine junge Orpington-Henne den Hang, die Althennen zu nerven, während diese ihr Sandbad nahmen, indem sie ihnen dabei zuerst zuguckte und sie dann an ihren Federn zog.
Bestimmte Rassen sind von Natur aus unterwürfig. Dies ist der Fall bei den sanften Orpington, die sich trotz ihrer Größe selten gegenüber lebhafteren Rassen durchsetzen. Zugegebenermaßen lieben es Orpington, sich ihr Futter genießerisch Körnchen für Körnchen einzuverleiben und es zu betrachten, wohingegen die anderen Hühner es ohne groß darüber nachzudenken und auf einmal verschlingen! Die Behutsamkeit der Orpington ist in einem Hühnerstall mit schnelleren Rassen nicht unbedingt von Vorteil.
Das unterworfene Huhn zeigt seine Unterwerfung übrigens an, indem es mit leicht gesenktem Kopf unbeweglich verharrt. Dabei handelt es sich um ein Beschwichtigungsverhalten. Wenn das nicht ausreicht, flüchtet es. In jedem Fall überlässt es stets dem dominanten Huhn den Platz.

bestimmen, und daher weiß man nie, ob man nun Hennen oder Hähne haben wird. Ich habe zum Beispiel einen Onkel, der einmal zwanzig Küken gekauft hatte und sich dann an 19 Hähnen erfreuen durfte!

WIE VIELE HÜHNER SOLL ICH KAUFEN?

Sie sollten sie mindestens paarweise kaufen. Ein einzelnes Huhn wird sich zu Tode langweilen. Sie können mit zwei, vier, sechs Hühnern beginnen … Achten Sie darauf, wenn Sie später in einen bereits bewohnten Hühnerstall ein neues Huhn aufnehmen wollen: Nehmen Sie immer zwei neue Hühner gleichzeitig auf, niemals ein einzelnes. Ein einzelnes neues Huhn wird das auserkorene Opfer aller anderen Hühner sein, die mit einem wahren Hagel an Schnabelhieben über den armen Neuankömmling herfallen werden. Das kann so gewalttätig werden, dass der Neuzugang wegen zu viel Stress krank wird. Nehmen Sie daher in einen Hühnerstall Hühner immer nur paarweise auf. Zu zweit halten sie zusammen. Und die anderen Hühner, die jetzt zwei Hühner zu schikanieren haben, können ihren ganzen Unmut nicht an einem einzelnen auslassen. Hühner sind äußerst rangbewusst und verabscheuen Neuankömmlinge.

DIE ERSTE NACHT IM STALL

Jetzt haben Sie Ihre Hühner ausgesucht. Der Züchter wird Ihnen alles erklären, was Sie tun müssen, damit sich Ihre launischen Mädels gut verhalten. Sie nehmen sie in einem gut belüfteten Karton mit Luftlöchern mit nach Hause und auf dem Rücksitz Ihres Autos vernehmen Sie ihr unruhiges Glucksen: Dies ist der Fall, wenn es sich um relativ gut aufgezogene Hühner handelt. Im Gegensatz dazu habe ich eines Tages Hühner mitgebracht, die die gesamte Fahrt über derart herzzerreißende Schreie von sich gaben, dass man hätte glauben können, sie würden das Zeitliche segnen. Sie haben dennoch überlebt.
Jetzt sind die Hühner in ihrem neuen Domizil angekommen. Lassen Sie sie jedoch nicht einfach so in den Garten. Sie müssen zuerst ihr neues Zuhause kennenlernen: ihren Hühnerstall. Die ersten Tage und Nächte muss man sie einschließen (mit Wasser und Futter) und sie erst dann herauslassen, wenn sie den Stall kennen und dorthin selbstständig zum Schlafen zurückkehren. Wenn Sie bemerken, dass sie aneinandergekuschelt unter einem Busch schlafen, bringen Sie sie jeden Abend in den Hühnerstall, bis sie es schließlich begriffen haben. Nach einigen Tagen werden alle den Hühnerstall als ihr neues Heim betrachten.

HÜHNERNAMEN UND ETWAS HÜHNERKULTUR

DEN PUTT-PUTTS NAMEN GEBEN

„Nomen est omen – der Name ist Programm!“

Tja, mein Huhn, erkennt es mich überhaupt? Die Antwort lautet ja. Und kennt es seinen Kosenamen? Also ... So sicher, wie Hunde oder Pferde ihren Namen erkennen, so wenig würde ich mich bezüglich eines Huhns auf dieses Terrain vorwagen. Wenn das Huhn herbeikommt, sobald es seinen Versorger sieht, geschieht das eher in der Erwartung einer Leckerei denn als Antwort auf das Rufen seines Kosenamens. Aber was soll's? Das soll Sie nicht davon abhalten, Ihren Hühnern Namen zu geben!

Wenn Ihre Hühner Namen haben, können Sie mit Ihrem Partner/ Ihrer Partnerin oder Ihren Kindern nach Belieben über die einzelnen Hühner sprechen (die von den Abenteuern von Dickmadam und Piep fasziniert sein werden, wenn sie höflich sind). Achtung: Geben Sie nur den Hühnern Namen, die sie als Haustiere und bis ans Ende ihrer Tage halten werden. Geben Sie den Hühnern, die Sie essen wollen, keine Namen. Können Sie sich die Mahlzeiten vorstellen? „Also, wen essen wir denn heute Abend?“ – „Aber sieh doch den Kamm, erkennst du ihn denn nicht? Wir essen den alten Kiki. Der war in letzter Zeit nicht mehr so richtig auf dem Damm. Und nächste Woche ist Dottie

an der Reihe.“ Nein wirklich, das geht nicht. Man kann kein Lebewesen essen, dem man einen Namen gegeben hat. Selbst im Hühnerstall muss man ein Mindestmaß an Ethik walten lassen. Namen sind daher für die Hühner reserviert, die zur Gesellschaft gehalten werden, die man liebt und die man zähmt. Man könnte zudem den Fuchs aus „Der kleine Prinz“ von Saint-Exupéry zitieren, der dem Kind erklärt, dass man für immer verantwortlich ist für den, den man gezähmt hat. Aber einen Fuchs in einem Buch über Hühner zu zitieren, gehört nicht unbedingt zum guten Ton …

Also, welchen Namen geben wir einem Huhn? Zunächst sollte man es eine Zeit lang beobachten, um einen Namen zu finden, der am besten zu ihm passt. Ihnen stehen klassische, traditionelle Hühnernamen zur Auswahl, wie Kiki, Putt-Putt, Henni, Dottie … Sie können die Namen Ihrer Hühner aber auch nach ihren Eigenschaften aussuchen, zum Beispiel nach:

- ihrem Charakter: Frechdachs, Mademoiselle (für eine sehr ladylike Henne), Madämchen, Mamsell oder Dickmadam (für eine dicke ältere Henne), dicke Berta …
- den Lauten, die sie von sich geben: Gack-Gack, Dock-Dock, Piep (für einen jungen jammernden Hahn), Tschieps, Piepsi, Piepmatz, Koko, Kiki, Korrkorr …

- der Farbe ihres Gefieders: Perlmuttchen, Perle (für die perlgrauen Zwerg-Cochin ...), Kupferchen, Blacky, Körnchen, Rotgefiederte, Streifi, Rotschopf ...
- einem körperlichen Merkmal: Federchen, Plüschi oder Puschel, Häubchen, Kämmchen, Kurzfuß ...
- ihrer Rasse: Mister Pington für einen Orpington-Hahn, Dottie für eine Wyandotte, José oder Carlos für einen Spanier-Hahn ...
- dem Namen für Huhn in anderen Sprachen: Hen (Henne) oder Chicken (Hühnchen) auf Englisch, Kokosh (Hahn) auf Albanisch, Gallina (Henne), Pollo (Küken), Gallo (Hahn) auf Spanisch, Kukk (Hahn) auf Estnisch, Kóta (Henne) oder Kókoras (Hahn) auf Griechisch, Cazzo (Hahn) auf Italienisch, Kokku (Hahn) auf Japanisch, Pui (Küken) oder Cocoș (Hahn) auf Rumänisch, Kuku (Henne) auf Suaheli, Kohout (Hahn) auf Tschechisch oder auch Yar (Henne) oder Kilhog (Hahn) auf Bretonisch ...

Man kann übrigens feststellen, dass sich die unterschiedlichen Völker sprachlich kein Bein ausgerissen haben. Zwischendurch ist immer ein *Koko* zu finden. Ganz nebenbei: Die Lautmalerei *Kikeriki*, um das Krähen des Hahns zu beschreiben, ist nicht universell ... Die Engländer haben sich zu einem komplexen

Cock-a-doodle-do durchgerungen, die Kroaten sprechen es *Ku-ku-ri-ku* aus. Ähnlich wie die Franzosen verstehen auch die Portugiesen *Cocorococo*.

- Namen von Stars oder bekannten Politikern: Brad, Monica, Scarlett, George, Bruce, Leonardo, Angelina oder Schmidt, Angie, Edmund …
- Namen Ihrer Chefs (das kann richtig guttun, aber Sie dürfen auf keinen Fall Ihrem Vorgesetzten verraten, dass Ihr eitelster Hahn seinen Kosenamen nach ihm erhalten hat. Ich kannte mal jemanden, der seine Meerschweinchen so benannt hat, der therapeutische Effekt schien tatsächlich zu wirken)

Oder aber Sie lassen Ihrer Fantasie freien Lauf. So habe ich einen Hahn namens Roberto und eine Henne namens Marie-Antoinette getroffen (das war eine sehr distinguierte Henne mit wahrhaft königlicher Haltung), weitere Inspirationen: Frau Huhn, Herr Hahn, Mimi, Cowboy, Gockeline, Casanova, Bibi, Frida …

Man kann sich bei der Namensgebung auch kulturell umsehen und seinen Hahn zum Beispiel Chantecler nennen (wie die gleichnamige Rasse aus der kanadischen Provinz Quebec).

DAS HUHN UND DER KARPFEN

Heinrich Seidel (1842–1906)

Auf einer Meierei
Da war einmal ein braves Huhn,
Das legte, wie die Hühner tun,
An jedem Tag ein Ei
Und kakelte,
Mirakelte,
Spektakelte,
Als ob's ein Wunder sei.

Es war ein Teich dabei,
Darin ein braver Karpfen saß
und stillvergnügt sein Futter fraß,
Der hörte das Geschrei:
Wie's kakelte,
Mirakelte,
Spektakelte,
Als ob's ein Wunder sei.

Da sprach der Karpfen: „Ei!
Alljährlich leg' ich 'ne Million
Und rühm' mich dess' mit keinem Ton;
Wenn ich um jedes Ei
So kakelte,
Mirakelte,
Spektakelte –
Was gäb's für ein Geschrei.

WIE RUFT MAN DIE HÜHNER IM HÜHNERHOF?

Das ist unterschiedlich. „Puttputtputt“ ist ein Klassiker unserer Großmütter, den man auch durch „Henni Henni Henni“ ersetzen kann. Wenn Ihr Rufen systematisch von der Verteilung von Leckerbissen begleitet wird, werden die Hühner schnell begriffen haben und wie der Blitz zu Ihnen rennen, sobald Sie sie rufen. Sie kreuzen übrigens häufig schon auf, sobald sie Sie bemerken, ohne dass Sie rufen müssen. Meine Hühner hören meine Schritte im Flur meines Hauses und wissen, dass ich demnächst auftauchen werde. Sie drücken sich gegen die Einzäunung ihres Hühnergeheges, noch bevor ich die Tür geöffnet habe. Wenn ich ihnen versehentlich nichts zu fressen mitgebracht habe oder ihnen etwas gebe, das sie für nicht besonders gut befinden, zerstreuen sie sich sofort, während sie mich schräg ansehen, nicht ohne ein paar missbilligende *gack-gacks* auszustoßen.

HÜHNER IN UNSERER KULTUR: IHR EINFLUSS IN DER SPRACHE

Das Wort „Huhn“ wird umgangssprachlich sehr häufig benutzt, denn als „Hühner“ werden Frauen aller Art bezeichnet. Hier ein paar weitere Beispiele:

- „mit den Hühnern zu Bett gehen“: sich früh schlafen legen
- „verrücktes Huhn“: unvernünftige Frau oder junges Mädchen
- „Auch ein blindes Huhn findet mal ein Korn.“: Auch der Benachteiligte hat einmal Glück; durch Zufall kann manchmal etwas gelingen.
- „wie ein Gockel stolzieren“: angeberisch, eingebildet, hochnäsig sein
- „dem Fuchs den Hühnerstall anvertrauen“: jemandem etwas anvertrauen, der nicht vertrauenswürdig ist
- „mit jemandem noch ein Hühnchen rupfen“: mit jemandem ein ernstes Wort reden
- „Da lachen ja die Hühner!“: etwas ist absurd, lächerlich
- „das Huhn, das goldene Eier legt, schlachten“: eine wichtige Einnahmequelle zum Versiegen bringen
- „Da kräht kein Hahn mehr danach.“: etwas interessiert nicht mehr, etwas ist vergessen
- „der Hahn im Korb sein“: als einziger Mann Mittelpunkt im Kreis von Frauen sein
- „vom Hahn beflattert sein“: nicht recht bei Verstand sein, leicht verrückt sein
- „jemandem den roten Hahn aufs Dach setzen“: jemandem das Haus anzünden
- „so viel Ahnung von etwas haben wie der Hahn vom Eierlegen“: keine Ahnung haben von etwas
- „das Huhn töten, um ein Ei zu gewinnen“: Großes aufopfern, um einen kleinen Gewinn zu machen
- „Es ist, als wenn die Hühner auf dem Papier gescharrt hätten.“: von schlechter, unleserlicher Schrift
- „Jag’ mir die Hühner nicht auf!“: wenn jemand sehr viel Aufhebens von sich macht
- „Ich kenne weder seine Hühner noch Gänse.“: Ich weiß nicht das Geringste von ihm und seinen Umständen.
- „Seine Hühner legen Eier, die zwei Dotter haben“: Er hat und weiß alles besser.
- „Wenn auch ein Huhn die Gans erzieht, sie geht doch ins Wasser.“: verdeutlicht die Macht der Natur über Erziehung und Gewöhnung
- „Ein Huhn gackert selten umsonst, und will es auch nur

Hühnerhof von früher in der Sologne, Frankreich.

ein Windei legen.": Ein Gerücht entsteht selten aus dem Nichts.
- „Das Ei will klüger sein als die Henne.": Der junge Mensch glaubt oft, etwas besser zu wissen als der ältere und erfahrene Mensch.
- „Wenn man das Huhn in der Hand hält, muss man es rupfen.": die Gelegenheit beim Schopf packen

Hühner und Hähne kommen ebenfalls in zahlreichen selbsterklärenden Binsenweisheiten vor:
- „Worte sind gut, aber Hühner legen Eier."
- „Ein Huhn, das viel gackert, legt wenig Eier."
- „Kein Huhn scharrt umsonst."
- „Die Hähne krähen, aber die Hennen liefern die Ware."
- „Ein Maiskorn hat immer unrecht vor einem Huhn."
- „Das ungehorsame Huhn gehorcht in einem Topf Suppe."
- „Der Arme behält seine Hühner, der Reiche seine Tochter nicht lange."
- „Ein Geschäft ist nur dann gesund, wenn man, wie die Hühner, erst eine Zeit lang scharren muss, bevor man einen Wurm findet."
- „Kluge Sieger essen Eier, dumme Sieger die Hühner."

Eine Beziehung zu den jungen Wilden aufbauen

Wie Hühner zahm werden

„Der Widerspenstigen Zähmung"

Am einfachsten wird ein Huhn zahm, wenn man es von klein auf hat. Im Brutapparat ausgebrütete Küken, die immer Kontakt zum Menschen haben, sind sehr umgänglich. Küken, die von einer zutraulichen Henne aufgezogen werden, die ihren Betreuer gut kennt und ihn an ihre Küken lässt, sind dennoch etwas zurückhaltender als im Brutapparat ausgebrütete Küken. Aber sie kennen den Menschen, nehmen wahr, dass ihre Mutter keine Angst vor ihm hat und es ist daher nicht besonders schwierig, sie zu zähmen.

Am schwierigsten sind Freilandküken, die vom Start weg von ihrer Mutter auf dem Bauernhof aufgezogen werden. Mit der Zeit und mit viel Geduld können auch diese „wilden" Hühner zahm werden, Ihnen aus der Hand fressen und nicht mehr so oft eine Szene machen, wenn man sie einfangen muss. Dennoch werden sie sich niemals so vertrauensvoll und umgänglich verhalten wie ein in sehr jungem Alter zahm gewordenes Huhn und sie werden immer etwas auf der Hut bleiben. Wenn Sie Freilandhühner gekauft haben, die Menschen gegenüber misstrauisch sind,

rechnen Sie mit mehreren Wochen beziehungsweise Monaten, bis sie sich eingelebt haben.
Wenn Sie im Brutapparat erbrütete und ohne Glucke aufgezogene Junghühner einer Zierrasse nehmen, sind diese in der Regel von Anfang an Ihnen gegenüber recht zutraulich. Damit ein Huhn zahm wird, ist in jedem Fall die mit ihm verbrachte Zeit (wie bei allen Tieren) am wichtigsten. Je öfter das Huhn Sie sieht, umso schneller begreift es, dass Sie keine bösen Absichten hegen. Stellen Sie ruhig Ihren Liegestuhl in der Nähe des Hühnerauslaufs auf und lesen Sie dort die Zeitung oder ein Buch, damit sich Ihre Hühner an Ihre Gegenwart gewöhnen. Nehmen Sie sich Zeit, ihre jeweilige Persönlichkeit zu beobachten, ihre Vorlieben und ihre Unterschiede. Indem Sie ihr Verhalten beobachten, sie einzeln kennenlernen, wird es Ihnen leichter fallen, sie zu zähmen.
Ihre Hühner müssen Sie jeden Tag sehen. Wenn das Huhn einmal zahm geworden ist, wird es nicht vergessen, dass Sie ein Freund sind. Und es wird sehr wohl zwischen Ihnen (zu dem es schnell hinläuft) und einem Unbekannten (von dem es sich misstrauisch entfernt) unterscheiden. Ein Huhn erkennt Menschen sehr gut. Es kann sich von jemandem, den es gut kennt, einfangen lassen, aber einen Unbekannten nicht an sich heranlassen.
Die Liebe für die eigenen Hühner kann sehr weit gehen. In ihrem Dorf kannte meine Großmutter eine Frau, die ihre Hühner am Fußende ihres Betts sitzen ließ, während ihr Ehemann in einem anderen Zimmer auf einem Strohsack schlief. Auch wenn diese Anekdote amüsant ist, hat mich immer interessiert, wie das mit dem Hühnermist war. Ich wage zu hoffen, dass die Frau zum Schutz der von Hühnerkacke gefährdeten Stellen Zeitungspapier ausgelegt hatte … „Aber das war eine gute Frau, die halt nicht sauber war, weißt du", pflegte meine Großmutter dann auszuführen.

Jedes Huhn hat seinen eigenen Charakter. Manche sehr freche und unternehmungslustige Hühner sind immer die ersten, die Ihnen zwischen den Füßen herumlaufen, Sie um Brotstückchen anbetteln oder Ihre Hosen untersuchen und Ihnen auf den Oberschenkel springen. Diese Zeilen schreibe ich gemeinsam mit Federchen, einer drei Monate alten schwarz-silbernen Marans-Henne,

EIN HUHN EINFANGEN

Aus verschiedenen Gründen ist es manchmal notwendig, ein Huhn einzufangen. Nun zählt das Huhn zu den Vögeln, und wie alle Vögel hat es einen relativ zarten Knochenbau. Daher muss man aufpassen, dass man es nicht verletzt. Halten Sie das Huhn niemals am Kopf, am Fuß oder am Flügel fest. Das Huhn wird aus Angst lebhaft herumzappeln und kann sich verletzen. Am besten fängt man ein Huhn ein, indem man beide Flügel an seinen Körper drückt, damit es nicht mehr mit den Flügeln schlagen kann. Man muss es ziemlich fest halten, damit es nicht abhaut (ein verängstigtes Huhn ist viel kräftiger und hinterlistiger, als man glauben möchte), aber dennoch vorsichtig, damit man ihm niemals Schaden zufügt.
Für widerspenstige Hühner, die sich für eine Behandlung oder einen Transport nicht einfangen lassen, gibt es zwei Möglichkeiten: Entweder holt man sie nachts, wenn sie schlafen, indem man sie mit einer Taschenlampe blendet (dann sind sie wesentlich verletzlicher ...), oder man legt ihnen ein Geschirrtuch, ein Handtuch oder ein ähnliches Tuch über den Kopf – aber nur so lange, wie man an ihnen herumhantiert (niemals für lange Zeit und nie so, dass sie ersticken könnten). Da die Hühner auf diese Weise nichts sehen können, werden sie kaum mit den Flügeln schlagen.
Wenn es einem Huhn so gar nicht passt, eingefangen worden zu sein, wird es Sie dies lautstark wissen lassen durch sein Geschrei, ja Gekreische aus Empörung, Angst und Protest, das gut eine halbe Stunde andauern kann, die Zeit, die es braucht, um sich zu beruhigen, und Sie unweigerlich in der ganzen Nachbarschaft als Tierquäler abstempeln wird. Ich hatte einmal ein Huhn, das ich einjährig vom Bauern gekauft hatte, das, wenn ich es einfangen musste, vor Schreck wie am Spieß gekreischt hat, selbst nachdem ich es schon wieder losgelassen hatte. Ich habe mich immer gefragt, ob es einen Herzinfarkt bekommen würde, so heftig war sein Stress. Der Zeitaufwand für das Zähmen der Hühner zahlt sich also aus, denn später lassen sie sich einfangen und an sich herumhantieren, ohne (zu) viel Aufhebens davon zu machen.

die ihr Nickerchen auf meinen Knien hält. Sie wurde im Haus geboren und von ihrer Glucke aufgezogen. Federchen war ein eher furchtsames Küken, aber als es heranwuchs, hat es mich ins Herz geschlossen, ohne dass ich viel dazu tun musste, damit es zahm wurde. Es gibt also Hühner, die sich Menschen gegenüber eher zutraulich verhalten und von sich aus wollen, dass man sie auf den Arm nimmt. Während der Fortpflanzungsphase ducken sich manche Hennen, indem sie ihre Flügel anheben, wenn man plötzlich auf sie zugeht. Dann kann man sie leicht einfangen. Es handelt sich hierbei um einen Fortpflanzungsreflex, denn das Huhn begibt sich in diese Position, wenn sich der Hahn anschickt, es zu treten (dieses Verb beschreibt den Fortpflanzungsakt beim Hahn). Ein zahmes Huhn kommt zu uns, damit wir es liebkosen, aber es duckt sich nicht. Manche Hühner

könnten Stunden damit verbringen, sich liebkosen zu lassen, bis ihr Besitzer vor Müdigkeit umfällt. Andere ängstlichere und misstrauischere Hühner ziehen es dagegen vor, einen Sicherheitsabstand einzuhalten.

Selbst wenn Sie nur zwei, besser drei Hühner haben, ist die Rangordnung in einem Hühnerstall genau festgelegt. Und Sie werden bemerken, dass dominante Hühner leichter zu zähmen sind als unterwürfige. Dominante Hühner sind selbstsicher, selbstbewusst, weniger gestresst, häufig ruhiger und viel zutraulicher. Unterwürfige, gestresste, manchmal von den anderen Hühnern abgelehnte Tiere sind nervöser und misstrauischer, weil sie häufig gepiesackt werden. Sie sind immer etwas schwieriger zu zähmen, gehen auf Distanz und laufen schneller weg.
Gewappnet mit viel Zeit, Geduld und köstlichen Käsestückchen können Sie jedes Huhn zähmen. Leckerbissen sind in der Tat eine Versuchung, der kein normal veranlagtes Huhn widerstehen kann. Finden Sie heraus, nach welchen Leckereien Ihre Hühner verrückt sind (Käserinden, Speckwürfel, Brotstückchen ...) und schnell werden Sie von ihnen als hochinteressantes Wesen eingestuft. Bestimmte Rassen werden leichter zahm als andere. Orpington oder Marans sind zutraulich und eher ruhig. Sie werden einfacher zahm als lebhafte und aktive Rassen.
Man glaubt manchmal, dass die etwas angeberischen Hähne schwer zu zähmen sind. Fehlanzeige! Diese Herrschaften sind fürchterlich verrückt nach Liebkosungen, wenn man sie einmal daran gewöhnt hat. Ich hatte einen Marans-Hahn, der so gerne gekrault werden wollte, dass er auf meinen Knien fest einschlief, wobei sein Kopf schlapp nach unten hing. Hähne lassen sich im Gegenteil sehr leicht zähmen, da sie weniger aktiv auf Nahrungssuche sind als Hennen und naturgemäß mehr mit ihren *Kikerikis* als mit Eierlegen oder der Aufzucht von Küken beschäftigt sind.

Zum Nachmittagsimbiss kann ein belegtes Brot wahrhaftig Begehrlichkeiten wecken ...

WO HÜHNER GERNE GEKRAULT WERDEN

Beim Huhn findet sich der „schwache Punkt"unterhalb des Schnabels. Die Damen (und Herren) lieben es, wenn man sie unter dem Schnabel zwischen den Kehllappen sanft streichelt. Sie lieben es so sehr, dass manche Hühner vor lauter Genuss die Augen schließen und vor sich hin dösen. Manche sehr zahme Hühner, die Streicheleinheiten mögen, fordern sie auf sehr spezielle Weise ein: Sie nehmen vor Ihnen Aufstellung, neigen den Kopf etwas und verharren völlig unbeweglich in der Erwartung, dass Sie sie auf den Arm nehmen und unter dem Schnabel kraulen. Sie mögen auch gerne auf Höhe der Ohren, des Kamms und unter den Augen liebkost werden. Verschwenden Sie jedoch keine Mühe darauf, ihnen den Rücken oder Bürzel zu kraulen, das mögen sie in der Regel nicht. Dasselbe gilt für die Füße.
Hat man einmal verstanden, dass sich die Hühner so weit zähmen lassen und so verrückt nach Liebkosungen sein können, hat man ein kleines Problem dahingehend, dass man viel mehr Schuldgefühle hat, ein gutes Hühnerfrikassee zu essen! Wenn man auf direkte Weise erfährt, dass das Huhn ein Wesen mit echter Empfindsamkeit ist und so viel Raum zum Herumlaufen braucht, fällt es schwer, nicht mit Schaudern an die Industriehühner zu denken, die auf unserem Teller landen.

Eines Tages begegnete ich einem Paar, das am Strand spazieren ging und einen kleinen Zwerghahn im Arm hielt. Dieser kleine Hahn schien sich total wohlzufühlen und gab keinerlei Protestgeschrei von sich.
Das Problem bei sehr zahmen Hähnen besteht darin, dass sie einem manchmal durch die Socken in den Fuß zwicken können. Da sie keine Angst vor dem Menschen haben, schrecken sie weniger davor zurück, ihn zu zwicken, wenn sie gerade Lust dazu haben. Wussten Sie, dass ein Hahn (oder eine Henne), die zwickt, sehr „hinterhältig" ist: Das Huhn packt die Haut und macht mit dem Schnabel eine plötzliche Drehung, was zu einer äußerst unangenehmen kleinen Zerrung führt. Sie sind wahre Meister in der Kunst des Kneifens. Das Gezwicke eines Hahns ist jedoch nicht ganz so schlimm – kein Vergleich zu dem grauenhaften Zwicken einer Gans oder eines Schwans! Das Huhn hat alles in allem einen ziemlich kleinen Schnabel, nicht sehr spitz und nicht sehr kräftig. Aber ein Hahn, der stark zwickt, kann uns erfolgreich einen kleinen Bluterguss hinterlassen.
Zahme und sehr zutrauliche Hühner können durch ihre Dreistigkeit auch richtig lästig werden: Sie ziehen an Ihren

ZUSAMMENFASSUNG: SO WIRD EIN HUHN ZAHM

- Bewegen Sie sich nicht abrupt, sondern langsam und ruhig.
- Laufen Sie dem Huhn nicht hinterher, das heißt, verhalten Sie sich nicht wie ein Raubtier.
- Jagen Sie dem Huhn keine Angst ein.
- Üben Sie sich in Geduld.
- Gehen Sie in die Hocke, dadurch sind Sie nicht so groß und weniger bedrohlich.
- Halten Sie immer ein paar Leckerbissen parat (zwingend!).
- Zeigen Sie sich häufig und verbringen Sie viel Zeit mit dem Huhn.
- Schreien Sie nicht, sondern sprechen Sie leise mit ihm.

Ziel ist, dem Federvieh ein für alle Mal klarzumachen, dass Sie nicht vorhaben, es aufzuessen und dass es Ihnen vertrauen kann.

Schnürsenkeln, picken am Bleistiftradierer und an Ihren Leberflecken (die sie für Körner halten) und Sie können kein Eis oder Sandwich auf Ihrer Wiese genießen, ohne zu riskieren, dass Ihr Imbiss durch diese Gesellinnen entführt wird. Sie werden nicht zögern zu versuchen, mit allen Mitteln ein Stück Ihrer Mahlzeit zu klauen. Sie kennen keinerlei Scham.

Wenn Sie im Garten graben wollen, laufen sie Ihnen ständig zwischen den Füßen herum auf der Suche nach Würmern in der umgegrabenen Erde und behindern Sie bei Ihrer Arbeit.

Wenn sie bis zu Ihrer Küche gelangen können, werden sie ständig vor der Tür oder dem Fenster sitzen und nach Leckereien verlangen, die sie sich in den Schnabel stecken können. Und ein Huhn ist wahrhaft zielstrebig. Wenn es darum geht, gutes Futter zu bekommen, kann es besonders hartnäckig sein.

VERRÜCKT NACH KÄSERINDEN

Verfressene Gesellinnen

„Man wird von allem satt, aber manches schmeckt zu gut."

Wie mein Nachbar sagt (und dabei seine Frau meint): „Man kann ein Huhn nicht vom Scharren abhalten. Selbst wenn ihm ein Fuß fehlt, scharrt es mit seinem Stumpf." Nichts ist zutreffender. Und nichts wäre grausamer, als dem Huhn diese Tätigkeit, die sein Glück ausmacht, zu verbieten. Die Beine des Huhns münden in zwei regelrechte Rechen. Dank seiner kratzigen Füße kann es die Erde umgraben, um dort allerlei Köstlichkeiten hervorzuholen: Larven, Keimlinge, Regenwürmer …

ERNÄHRUNG: VON ALLEM EIN BISSCHEN

Das Huhn ist ein Allesfresser. Am glücklichsten ist es, wenn es ein bisschen von allem einsammeln kann. Eine Ernährung nur mit Getreide ist nicht ausreichend. Es braucht einen Auslauf mit Gras als Lebensgrundlage. Es frisst viel Gras und ist sehr unglücklich, wenn keines vorhanden ist. Daher neigen eingeschlossene Hühner dazu, wenn man ihnen Getreide und Gras anbietet, sich auf Letzteres zu stürzen. Sie sind auch große Vertilger von Insekten aller Art, wenn es ihnen gelingt, sie zu fangen. Das Huhn ist ein gefürch-

WAS HÜHNER GERNE FRESSEN

- Getreide (Weizen, Mais, Hafer, Gerste, Buchweizen …)
- Salat
- Kohl
- gekochte Kartoffeln (keine rohen Kartoffeln!)
- Birnen, Äpfel, Karotten (und die Schalen davon)
- Beerenobst (Johannisbeeren, Stachelbeeren, Erdbeeren, Himbeeren …)
- Trauben, Pflaumen und verschiedenes Obst
- Tomaten
- Brot
- gekochte Nudeln
- gekochter Reis
- gekochter Grieß
- etwas Fleisch
- Käserinden
- usw.

teter Ameisenjäger. Wenn es einen Ameisenhaufen entdeckt, scharrt es ihn auf und frisst die Ameisen samt ihrer Eier. Geflügelte Ameisen haben keine Lust, aus einem Loch in Reichweite eines Hühnerschnabels ihren Flug zu starten. Andernfalls gibt es ein Gemetzel.
Eidechsen und kleine Schlangen sind ebenfalls sehr darauf bedacht, sich in Gegenwart von Hühnern bedeckt zu halten. Man sieht daher kaum Reptilien in Gärten herumschleichen, in denen Hühner gehalten werden.
Schnecken mit Häuschen und Nacktschnecken sind ebenfalls in mit Hühnern besetzten Bereichen nicht zu finden, denn sie sind für diese Damen eine wahre Delikatesse. Das Schneckenhaus junger Schnecken schreckt die Hühner keineswegs ab: Sie zerbrechen es, indem sie die Schnecke einmal auf den Boden oder einen Stein schlagen, und verschlingen den Kriecher am Stück. Sie können die Schnecke auch mit einem kräftigen Ruck aus ihrem Häuschen ziehen. Nur die großen Schnecken mit zähem Häuschen leisten ihnen Widerstand.
Junge Meisen oder Sperlinge haben auch keine Lust, in Gegenwart von Hühnern aus ihrem Nest zu fallen. *Schwuppsdiwupps* – schon sind sie verschlungen!
Hühner sind gefürchtete Räuber, begnadete Jäger mit scharfen Augen, die alles belauern, was sich bewegt. Von der Spinne, die übermütig herumturnt, sehen Sie bald nur die pelzigen Beine aus dem Hühnerschnabel hängen. Der Schmetterling ist ebenfalls nicht daran interessiert, zu dicht am Hühnerstall anzugeben – das Huhn ist überhaupt nicht empfänglich für seinen Charme.

Hühner benötigen Eiweiß und aus diesem Grund reicht ihnen ein getreidelastiges Futter nicht aus. Sie haben auch einen hohen Bedarf an Grünzeug und fressen viel Gras und Pflanzen aller Art. Fallobst ist ein Hochgenuss für sie. Aber sie verschmähen auch manche Blumen nicht, wie unvorsichtige Gärtner bald merken werden, die sie zu dicht an den Stauden herumstreunen lassen. Wenn Hühner erfolgreich einen Gemüsegarten entern können, artet das in eine Razzia aus: Sie veranstalten ein solches Gelage mit jungen Salatblättern, Tomatenblüten, Erdbeeren und anderen Leckereien, dass der Gärtner buchstäblich vor dem Nichts steht.
Außerdem unterscheiden sich die Geschmäcker der einzelnen Hühner. Manche schwärmen für klein gehackte Knoblauchzehen, während andere sich angewidert abwenden, wenn sie ihnen angeboten werden. Ich weiß von einem Huhn, das für Gänseblümchen schwärmt und völlig hingerissen ist, wenn es eines angeboten bekommt, obwohl ein anderes Huhn aus dem Hühnerhof nichts davon wissen will.
Hühner sind wandelnde Komposthaufen und mögen zahlreiche Schalen und Essensreste. Sie fressen auch die dünnen Karottenschalen (ohne besonders vernarrt in sie zu sein) und sie mögen alle Arten von Salat. Sie lieben auch das Grün von Rettichen. Was regelrechte Krawalle

Gänseblümchen adieu ...

im Hühnerstall auslöst, sind Käserinden, Speckwürfel oder auch Schinkenfett. Mästen Sie Ihre Hühner nicht zu sehr damit, denn diese Häppchen sind gesalzen und die Hühner sind dermaßen verrückt danach, dass sie davon krank werden können. Im Winter lieben sie, wie alle Vögel, Margarine. Geben Sie ihnen auch hiervon nicht zu viel, da sie sich damit bis zum Erbrechen vollstopfen.

EINE AUSGEWOGENE FÜTTERUNG

In den Futtermittelhandlungen werden Säcke mit Fertigfutter für Hühner verkauft. Ausgewogene Getreidemischungen sind eine gute Grundlage – entweder geschrotet, als ganze Körner oder in Pellet-Form –, die man mit den nötigen Proteinen und Grünzeug ergänzt. Wenn den Hühnern ein ausreichend weitläufiges Freigehege zur Verfügung steht, finden sie in der Regel selbst die notwendigen Beigaben, die für eine ausgewogene Ernährung notwendig sind. Die bestmögliche Nahrung für ein Huhn ist immer noch diejenige, die es sich in der Natur selbst zusammensucht. Und man muss wissen, dass Hühner sehr schnell verdauen.

SAND NICHT VERGESSEN

Wie Krokodile besitzen auch Vögel einen Muskelmagen zum Verdauen ihrer Nahrung. Das Huhn ist hiervon keine Ausnahme. Diese anatomische Besonderheit gibt es bei den Säugetieren nicht.

Der Muskelmagen ist eine Muskeltasche, die Teil des Vogelmagens ist und mit der das Futter mithilfe kleiner zuvor aufgenommener Steinchen zerkleinert wird. Hühner haben bekanntlich keine Zähne und können daher nicht kauen. Deshalb braucht das Huhn für eine gute Funktionsweise des Muskelmagens etwas Sand oder Grit. Geben Sie ihm regelmäßig eine kleine Menge davon. In einer anderen „Tasche" wird das Futter gespeichert, bevor es in den Muskelmagen gelangt, nämlich im Kropf. Bei einem mit Futter vollgestopften Huhn ist der Kropf völlig aufgebläht. Einen gut gefüllten Kropf kann man sehen, aber auch spüren, wenn man das Huhn berührt. Er befindet sich auf Brusthöhe, wo er eine dicke Kugel bildet. Man spürt sogar die Körner durch die Haut. Aber bitte: Drücken Sie nicht auf den Kropf, denn wie würde es

DIE ENTFERNTEN VORFAHREN DES HUHNS: T. REX UND CO.?

Um weiterhin ohne Schuldgefühle Hühnchen essen zu können, argumentiert man als Geflügelliebhaber damit, dass die Hühner nicht eine Sekunde zögern würden, uns aufzufressen, wenn wir ganz klein wären! Ein Pferd würde uns nicht fressen, eine Kuh auch nicht, aber unser hübsches Federvieh würde uns *schwuppsdiwupps* in Sekundenbruchteilen verschlingen. Hühner sind Raubtiere. Wenn man junge schwarze Hähne, deren Kamm noch nicht voll entwickelt ist, im Gras herumtollen sieht, kommen einem unwillkürlich die Dinosaurier in den Sinn. Vergrößern Sie ein Huhn um das 20-Fache und Sie haben einen netten kleinen Dinosaurier, der Angst und Schrecken in der Stadt verbreitet. Vergrößern Sie ihn noch ein bisschen und Sie haben ein riesiges Superraubtier, das mit seinem Schnabel die Menschen aufpickt wie Regenwürmer. Kein Drehbuchautor hat jemals eine solche Szene geschrieben, vielleicht weil das Ende des Films in Form eines gebratenen Riesenhuhns zu lächerlich wäre. Dennoch würde ein Riesenhuhn genauso viel Schrecken verbreiten wie jedes andere Monster. Immer mehr Studien bestätigen inzwischen, dass die Vögel direkte Nachkommen der Dinosaurier sind. Einer neueren Studie zufolge soll *Tyrannosaurus rex* sogar genetisch mit Vögeln verwandt sein. Dieser berühmte Dinosaurier, der über 12 m lang sein konnte, soll Protofedern gehabt haben. Asiatische gefiederte Dinosaurier sind ebenfalls vor Kurzem entdeckt worden. Mit den Federn konnten sie noch nicht fliegen, sie dienten vielmehr der Wärmeisolierung.

VORSICHT MIT SCHMUCK

Zutrauliche Hühner neigen dazu, nicht nur an Hemdknöpfen und Leberflecken herumzupicken, sondern auch an Schmuck. Wie oft schon ist mein Anhänger beinahe im Kropf meines Federviehs gelandet! Der Anhänger ist eine Perle, und das Huhn hat nur eins im Kopf: diese zu verschlingen. Glücklicherweise hatten die gefiederten Freundinnen bislang noch keinen Erfolg damit. Was tun, wenn ein Huhn ein wertvolles Schmuckstück auffrisst? Manche Zeitgenossen werden es schnell braten, um in seinen Eingeweiden nach dem Schmuck zu suchen. Ich für meinen Teil würde eher dazu tendieren, das Huhn unter viel Gefluche in einer Kiste einzusperren und seinen Kot so lange zu untersuchen, bis der Schmuck dabei hervorkommt (zweifellos kein prickelnder Gedanke). Ich habe mir auch schon ein T-Shirt mit Pailletten zerpicken lassen. Um solche Vorkommnisse zu verhindern, tragen Sie keinen Schmuck oder Kleidung, die zu verführerisch für das Auge und den Schnabel Ihrer Hühner ist. Manche Hühner werden Sie nie belästigen, andere wiederum können regelrecht auf Ihre Verzierungen fixiert sein.

Freilandhühner trinken auch schon mal aus einer Wasserpfütze.

Ihnen gefallen, wenn man Ihnen nach einem reichlichen Essen bei Ihrer Schwiegermutter auf den Magen drücken würde?
Ein Huhn, das ausreichend Platz hat, um selber Futter zu finden, leidet selten unter Nährstoffmangel – aber ein ausschließlich mit Getreide ernährtes Huhn sehr wohl. So kann ein Kalziummangel in manchen Fällen Eier mit weicher Schale zur Folge haben. Man muss den Hühnern dann zerkleinerte Austernschalen oder auch fein gemahlene Eierschalen anbieten. Manche Getreide-Futtermischungen für Hühner enthalten bereits zerkleinerte Austernschalen.

FUTTER FÜR KÜKEN

Küken und Junghühner fressen nicht dasselbe wie erwachsene Hühner. Ein Maiskorn ist viel zu groß für ihren Schnabel! Im Handel sind fein granulierte Futtermittel speziell für Küken erhältlich. Mir ist jedoch aufgefallen, dass sie zusätzlich zum Industriefutter häufig lieber zusammen mit ihrer Mutter auf die Suche nach ganz kleinen Körnchen gehen. Manche Hühnerhalter bereiten eine selbst gemachte Paste speziell für Küken zu: mit Grieß, gekochten Karotten und gekochtem, zerdrücktem Eigelb – allerdings ein enormer Arbeitsaufwand.

DAS FUTTER IM SCHNABEL DES ANDEREN SCHMECKT IMMER BESSER

Das Füttern gibt manchmal Anlass zu regelrechten Schlägereien, nach dem Motto: Was das andere Huhn sich geschnappt hat, ist zwangsläufig immer das bessere Stück. Hühner können sich gegenseitig wegen dieses einen Schinkenstücks über den gesamten Hühnerhof verfolgen. Das erste Huhn rennt mit seiner Beute davon und die anderen verfolgen es, um zu versuchen, es ihm zu klauen. Am besten verteilt man ausreichend Futter, damit es gar nicht erst zu Futterneid kommt.

HÜHNER VOR RÄUBERN SCHÜTZEN

PANIK IN DER NACHBARSCHAFT: JEMAND FRAß DAS KANINCHEN DER NACHBARN

„Aufgescheuchte Hühner – leere Eierbecher."

Mitternacht, die Stunde des Verbrechens … Ein Schrei zerreißt die Luft … Am nächsten Morgen ist das Drama zu besichtigen: Moppel, das Zwergkaninchen der Nachbarn, das gewöhnlich in seinem sorgfältig unter einem Hortensienbusch konstruierten Stall schläft, wurde in der Nacht von einem noch unbekannten Räuber getötet. Jetzt lösen sich auch die Zungen in der Nachbarschaft. Einer hat bemerkt, wie zweimal am frühen Morgen ein Fuchs in der Gegend herumschlich. Ein anderer stieß in der vorherigen Woche plötzlich auf einen Marder, der auf einem kleinen Pfad flüchtete.

Die Straße ist also nicht mehr sicher. Die Buchhändlerin lässt mich wissen, dass vor einigen Wochen ein paar Häuser weiter bedauerlicherweise auch Hühner angegriffen wurden. Ein blutrünstiger Räuber treibt sein Unwesen. Unsere Hühner haben noch eine Gnadenfrist. Angst und Schrecken verbreiten sich in jedem Haushalt mit einer Hühnerschar!

SCHUTZ VOR MARDERN UND FÜCHSEN

Reineke Fuchs und der gerissene Steinmarder und ihre blutigen Ausflüge in den Hühnerstall: Äußerst schlau, hartnäckig und wendig sind sie, die Todfeinde Nummer eins des Hühnerhofs. Das Beste, was Sie gegen sie tun können, ist, jeden Abend – ohne Ausnahme – die Tür zum Hühnerstall zu schließen. Und sich zu vergewissern, dass dieser hermetisch abgeriegelte Stall keine noch so kleine Öffnung hat, durch die ein sehr schlanker Marder schlüpfen könnte. Denn ein Marder kann sich durch sehr enge Stellen durchfädeln. Sie haben vergessen, den Hühnerstall zu schließen und das fällt Ihnen um 1 Uhr morgens ein? Egal! Rein in die Hosen und raus aus dem Haus, so schnell es geht, und die Türe schließen!

Um sich vor Steinmardern und Füchsen (und bei der Gelegenheit auch vor diebischen Ratten, die Eier und Körner klauen) zu schützen, muss man eine wohldurchdachte Einzäunung errichten (siehe Seite 20). Die Anwesenheit eines im Freien schlafenden Hundes ist auch ein guter Schutz für das Geflügel, denn Bello kann Raubwild, das zu dicht vor seiner Nase herumschnüffelt, vertreiben.

Was die Ratte betrifft, sie stiehlt die Eier beziehungsweise Küken, spielt sich aber in der Regel nicht vor einer großen erwachsenen Henne auf, die ihr ein paar kräftige Schnabelhiebe auf die Rübe geben könnte, um sie an ihre guten Manieren zu erinnern. Katzen gehen Hühnern ebenfalls aus dem Weg. Letztere können die gesamte Nachbarschaft vor der

Anwesenheit einer Katze alarmieren, wenn ihnen das Gesicht der Katze nicht in den Kram passt. Eine hochinteressante Information für alle Rotkehlchen und Meisen im Umkreis. Dagegen werden Katzen von Küken sehr gefürchtet. Achten Sie darauf, dass Letztere gut geschützt sind. Es gibt noch anderes Raubwild, das über Gebühr Gefallen an Ihren Hühnern finden kann, wie Wiesel, Hermeline usw. Auch Igel können sich einstellen, um die Eier zu fressen, wenn diese zugänglich sind.

EIN HÄUFIGER FEIND: DER HUND

Große Hunde sind in der Lage, Hühner zu töten. Achten Sie daher darauf, Ihren Garten gut vor Hunden aus der Nachbarschaft zu schützen. Solche Vorfälle kommen häufiger vor, als man glaubt, und führen zu zahlreichen Streitigkeiten. Meinen Eltern passierte es, dass ein Huhn nach dem anderen von einem Hund, der in den Garten kam, gefressen wurde. Mein Bruder musste mit einem scheußlichen Gemetzel fertigwerden, da der Hund seines Nachbarn alle seine Hühner getötet hatte.
Um solche Probleme zu verhindern, muss der Garten einwandfrei eingezäunt sein, aber man muss auch seinen Nachbarn auffordern, seinen Hund nicht herumstreunen zu lassen. Dennoch kann ein Hund einmal entwischen. Der sympathische Nachbar wird über den angerichteten Schaden bestürzt sein und spontan dem Besitzer der Hühner Schadenersatz oder die Beschaffung neuer Hühner anbieten.

Ich habe einmal einen großen Neufundländer gesehen, wie er sich eines Hahns bemächtigte. Und obwohl die Geschichte, die nun folgte, partout nicht zum Nachmachen geeignet ist, erzähle ich sie trotzdem: Die englische Besitzerin des Köters warf sich auf ihn und hielt ihm mit meiner Unterstützung das Maul so weit auf, dass der Hahn nicht sterben musste. Aber der Neufundländer war sehr stur und sehr kräftig und weigerte sich, von seiner Beute abzulassen, wobei er sich zweifellos vorstellte, dass wir sie ihm stehlen und selbst essen wollten. Die Engländerin stieß laute Flüche und Hilferufe aus, während der Hund nicht mit der Wimper zuckte und der Hahn wohl die längsten Minuten seines Lebens erlebte, eingezwängt in ein Hundemaul. Schließlich kam, aufgeschreckt durch die Hilferufe der Engländerin, eine dritte Person hinzu und half uns dabei, den Neufundländer zum Loslassen zu bewegen, der verdrießlich zusah, wie seine Beute entkam. Der kleine Hahn kam mit einem großen Schrecken und einigen Federn weniger davon und legte den Weg zu seinem Bauernhof rennend zurück. Selten geht so etwas so glimpflich aus und im Nachhinein betrachtet hatten wir riesiges Glück.

DEN (GELEGENTLICHEN) RAUB DURCH HABICHTE VERHINDERN

In manchen Regionen kann der Habicht Küken und Hühner erbeuten. Manche Alten nannten ihn daher „Hühnerhabicht“ und verwechselten ihn häufig mit anderen Greifvögeln. Manche Regionen sind stärker betroffen als andere. Am besten beugt man einem in der Nähe hausenden Greifvogel vor, indem man das Hühnergehege mit einem Gitter oder Netz abdeckt und so den Zugang von oben verwehrt. Die Anwesenheit eines Hahns, der die Nachbarschaft über die Ankunft des Raubvogels alarmiert, ist nützlich. So kann man den Hühnern zu Hilfe eilen – aber dafür muss man den ganzen Tag über vor Ort sein. Man kann auch versuchen, den Hund dahingehend zu erziehen, zur Rettung des Geflügels herbeizueilen, wenn er den Alarmruf des Hahns hört. Es gibt auch verschiedene Abschreckungssysteme, zum Beispiel eine Spiegelkugel gegen Beutegreifer, aber diese sind wenig wirksam gegen den Habicht. Das Beste ist tatsächlich, dem Hühnerauslauf ein Gitterdach zu verpassen. Die einzige Verteidigung gegen einen Raubvogel, die einem Huhn bleibt, ist, sich zu verstecken. In Regionen, wo Habichte

und andere Greifvögel vorkommen, statten Sie Ihren Hühnerhof mit zahlreichen Verstecken aus (dicke hohle Baumstämme, usw.) und pflanzen Sie viele kleine Büsche, die die Hühner als Deckung nutzen und zwischen ihnen während eines Angriffs zumindest im Zickzack davonrennen können. Im Gegensatz zum Fuchs oder Marder gelingt es einem Habicht nicht, ein Huhn aus einem guten Versteck aufzuscheuchen. Wenn die Hühner clever genug sind und genügend Verstecke haben, gelingt es ihnen häufig, den Angriff zu vereiteln.

Man muss nicht alle Raubvögel fürchten: Die meisten greifen niemals Hühner an (aber trotzdem auf die Küken aufpassen). Raubvögel sind nützliche, seltene und vom Gesetz geschützte Vögel.

Unter den Vögeln sind es die Raben, die Eier und Küken rauben können. Hennen in Begleitung von Küken mögen es gar nicht, wenn Elstern in der Nähe sind, und sie schlagen Alarm, sobald sie ihrer ansichtig werden.

UND WAS IST MIT HÜHNERDIEBEN?

Heutzutage, wo im Supermarkt zum Verkauf stehende Hühnchen zu erschwinglichen Preisen erhältlich sind und wo die Menschen kaum noch wissen, wie ein Huhn zu rupfen und auszunehmen ist, sind Hühnerdiebstähle äußerst selten. Aber Hühnerdiebe gibt es dennoch, Kerle mit einem schlechten Lebenswandel, die ohne zu zögern hier und da ein Huhn oder auch zwei abgreifen, um danach das tote Huhn weiterzuverkaufen oder selbst zu verzehren.

DAS „BERUFSRISIKO" AKZEPTIEREN

Wer Hühner hält, muss sich darüber im Klaren sein, dass seit Anbeginn der Zeiten Hühner geraubt werden. Auch wenn es einem das Herz zerreißt festzustellen, dass Dottie oder Kiki von einem Raubtier gefressen wurden, haben Fuchs, Marder und Raubvogel gleichermaßen ein Recht auf Leben. Sie sind Teil der Wildnis und ein wesentlicher Bestandteil der Biodiversität. Wie der Schäferhund seine Schafe vor Wölfen schützen muss, muss der Geflügelhalter sein Federvieh vor Füchsen, Mardern und Habichten schützen. Es ist Aufgabe des Geflügelhalters, die notwendigen Maßnahmen zum Schutz seiner Tiere zu treffen und sie keinen Gefahren auszusetzen. Raub gehört zu den Risiken der Geflügelhaltung.
Nach dem Angriff eines Raubtiers sind die Hühner dermaßen gestresst und schockiert, dass sie unter Umständen einige Tage das Eierlegen einstellen.

Der Hahn nimmt seine Rolle als Beschützer der Hennen sehr ernst.

… und es immer wieder tun

Wenn sie das erste Mal ausbüxen …

„Wenn sich die Hühner aus dem Staub machen.“

Siehe da, das Huhn ist noch draußen. Ich gehe in den Garten, und es rennt auf mich zu, weil ich ihm manchmal eine Birnenschale bringe … Nur dass es frei im Garten rennt und ohne Erlaubnis scharrt und scharrt und meinen Rasen zerrupft – und das seit wie lange?
Ich habe mir das „Rennhuhn“ mit zwei Händen geschnappt, *Zack!*, und habe es unter leichten Repressalien in die Luft gehoben. Das hat ihm nicht gefallen. Unter Gegacker und Flügelschlagen lasse ich die Flüchtige los, nachdem ich sie in ihren Auslauf zurückgebracht und ihre Bestürzung darüber, so gejagt worden zu sein, durch die Gabe einiger Körnchen beschwichtigt habe.
Dies ist das dritte Mal, dass die Henne ausbricht. Aber wo ist sie durchgeschlüpft? Dickmadam ist nicht auf dem Laufenden, denn sie bleibt im Hühnerauslauf, um auf und ab zu laufen, frustriert darüber zu sehen, wie ihre Freundin die andere Seite der Einzäunung nach Herzenslust genießt. Wo zum Teufel hat Puttchen durchschlüpfen können? Durch den Cane-Corso-Hund, den die Nachbarn gerade gekauft haben, würde man schnell merken, ob sie bis in deren Garten flüchtet … Sie würde

schnell als Hähnchenkeule enden. Ich müsste mich zur Überwachung im Garten postieren, um hinter ihr Vorhaben zu kommen. Aber erstens: Ich habe ja sonst nichts zu tun. Und zweitens: Es ist kalt und regnet gerade, nein danke.

Klingeling! „Hallo? Ein Huhn ist entlaufen. Sollen wir es bringen oder kommen Sie es abholen?" Siehe da, die Nachbarn haben schon wieder ein Huhn in ihrem Garten gefunden. Glücklicherweise vor ihrem Hund. Gelangweilt überreichen sie das Huhn ihrer Besitzerin.

Das Gras ist immer viel grüner in Nachbars Garten und die Regenwürmer zwangsläufig deutlich schmackhafter! „Warum eingesperrt bleiben, wenn Tausende von Regenwürmern und zarte Triebe auf uns warten?", scheinen sich die Hühner zu fragen, die stets nach einem Weg trachten, die Fliege zu machen. Nicht, dass sie weit weg gehen, oh nein! Sobald der Abend anbricht, sind sie die ersten, die in ihren geliebten und sicheren Hühnerstall zurückkehren. Aber Hühner lieben nichts mehr, als auf der Suche nach Nahrung frei herumzukraxeln. Und um aus einer Einfriedung auszubrechen, ist jedes Mittel recht.

FLUCHTMETHODEN

Hühner fliegen je nach Rasse ganz passabel. Wenn die Not groß ist, sind sie durchaus in der Lage, sich über eine Einfriedung zu schwingen, wenn diese nicht zu hoch ist. Auch ein verängstigtes Huhn kann sich genötigt fühlen, die Flügel zu schwingen. Eines meiner Hühner sprang auf diese Weise an einem Tag des Schreckens mit einem Satz rüber zum Nachbarn (und begleitete seine Flucht mit einem fürchterlichen Schrei). Und es war keine Kleinigkeit, es wieder einzufangen. Eine verrückte Verfolgungsjagd hinter dem vollkommen panischen Huhn endete hinter einem großen Mülleimer, wo es leider stecken blieb, starr vor Angst und Schrecken.

Die leichteren Zwerghühner fliegen viel besser als die anderen Hühner und können sich sogar in Bäumen niederlassen. Die schweren Rassen, wie Brahma, haben es dagegen sehr schwer, abzuheben. Ein dickes Orpington-Huhn hätte ebenfalls so einige Schwierigkeiten, es beim Start mit einer Tupolew aufzunehmen!

Ein Zwerg-Cochin im Begriff, sich aus dem Staub zu machen.

Eine andere unter Hühnern weit verbreitete Ausbruchstechnik: Unter der Einfriedung scharren und scharren, bis sie sich eine Fluchtmöglichkeit ergraben haben. Und wenn die Einzäunung nicht tief genug in der Erde verankert ist, machen sie sich flach wie Pfannkuchen und schlüpfen unten durch. Heimlich, still und leise ...

Manchmal dauert es eine Weile, bis man herausfindet, wo das Huhn durchgeschlüpft ist. Hat man den Ausgang einmal lokalisiert, genügt es, die Öffnung wieder so zu verstopfen, dass das Huhn nicht mehr ausbrechen kann.

Manchem Schlaumeier ist es zwar gelungen, schnell auszubrechen und auf dem Rasen umherzustolzieren, aber wenn die Nacht anbricht, weiß das Huhn manchmal nicht mehr, wie es zurück in den Hühnerstall geht. Manche Öffnungen sind in die eine Richtung leicht zu überwinden, aber in die andere Richtung wird es schwierig. Das Huhn wird dann unruhig an der Einzäunung entlanglaufen, und wenn es ihm nicht gelingt, zurückzukommen, wird es sich kleinlaut in der nächstbesten Hecke verstecken, um zu schlafen. Also muss man nachts mit der Taschenlampe auf die Suche nach ihm gehen und es in den Hühnerstall zurückbringen.

Küken fädeln sich überall hindurch.

Eine andere Fluchtmethode besteht darin, aus der halboffenen Tür zu flitzen, wenn der Betreuer Futter oder Wasser bringt, sofern Letzterer das Pech hat, die Tür hinter sich nicht vollständig zu schließen. Bis er sich umdreht, *schwupps!*, sind zwei oder drei Hühner schon davongeflitzt. Nichts hält sie auf. Und Ihre Kirschtomatenpflanzen müssen es bald ausbaden.

Hähne sind in der Regel weniger ausbruchsfreudig, da sie nicht so sehr auf die Nahrungssuche fixiert sind. Für sie ist am wichtigsten, in der Nähe der Hennen zu bleiben, um den starken Mann zu spielen.

Zum Schluss eine gute Nachricht: Wenn der Auslauf der Hühner ausreichend groß ist und sie genügend Platz haben, nach Belieben herumzuhüpfen, liebäugeln sie in der Regel viel weniger damit, auszureißen.

WARUM FLIEGEN HÜHNER WENIGER ALS ANDERE VÖGEL?

Seiltanznummer eines jungen Huhns, das sich nun etwas mulmig fühlt.

Es besteht wenig Hoffnung, einmal zu beobachten, wie sich der Himmel durch einen Hühnerschwarm verdunkelt. Das „Wanderhuhn" hat es noch nicht gegeben. Schade eigentlich, denn das wäre ein lustiges Spektakel. Der wilde Vorfahre des Haushuhns, das Bankivahuhn, flattert etwas und setzt sich in den Baum. Sein wilder Cousin, der Fasan, hebt nur über eine Entfernung von ein paar Dutzend Metern ab, um sich etwas weiter weg niederzulassen. Bei Hühnern wie Fasanen verläuft der Flug sehr geräuschvoll.

Hühner und Fasane sind viel besser auf das Laufen und Rennen spezialisiert als aufs Fliegen. Aber Hühner fliegen oft gut genug, um auszubüxen und sich irgendwo niederzulassen. Aus diesem Grund stutzt ihnen ihr Besitzer manchmal die Federn eines Flügels, damit sie das Gleichgewicht verlieren (wohlgemerkt bei nur einem Flügel, denn stutzt man die Federn beider Flügel, findet das Huhn sein Gleichgewicht wieder und kann flattern). Dieser Vorgang ist jedes Jahr zu wiederholen, denn die Federn wachsen nach der Mauser nach.

Manchmal wird behauptet, dass das Huhn seine Fähigkeit zu fliegen wegen seiner Domestizierung eingebüßt hat. Das stimmt nicht, auch wenn manche Rassen tatsächlich aufgrund einer Selektion, durch die sie zu schwer geworden sind, flug-untalentiert wurden. Aber in der Natur fliegt das wilde Bankivahuhn kaum mehr als ein gewieftes Zwerghuhn. Den Flug setzt es nur dafür ein, um sich bei Sonnenuntergang irgendwo niederzulassen oder vor einer Gefahr zu flüchten ... wie unsere Hühner! Als gewohnheitsmäßige Scharrer haben sich die Hühner auf das Leben auf dem Boden und nicht in der Luft spezialisiert. Man kann dennoch nicht von ihnen behaupten, dass sie flugunfähig wären wie der Strauß (der sicherlich nicht imstande wäre zu fliegen, um sich in einem Baum niederzulassen), denn sie flattern immerhin ein bisschen. Ihre Flügel, obwohl nur mittelmäßig wirkungsvoll, sind auch nicht verkümmert. Wenn das Huhn sie entfaltet, um sich zu strecken, sieht man, dass sie immer noch relativ groß sind.

DAS ZWERGHUHN-GESCHWADER

Besitzer von Zwerghühnern raufen sich manchmal die Haare, weil diese kleinen Hühner überall hinfliegen. Machen Sie nicht den Fehler und sagen, dass Hühner nicht fliegen! Sie fliegen immerhin so gut, dass sie in Scherereien geraten. Haben sie sich einmal über Ihnen niedergelassen, in einem Baum oder auf einem Dach, können Sie ihnen immer noch mit einem Kescher hinterherrennen, um sie wieder einzufangen!

Nicht alle Zwerghühner sind gute Flieger. Die Zwerg-Cochin, Wyandotten und Seidenhühner kommen nicht weit. Hühnern mit seidigem oder krausem Gefieder ist unwohl beim Gedanken ans Fliegen. Der Besitzer von Zwerghühnern muss also entweder etwas cooler werden (das bedeutet akzeptieren, dass er nicht alles bei seinen Hühnern kontrollieren kann) oder aber zu harten Vergeltungsmaßnahmen greifen (eine große Voliere bauen, die Flügelfedern stutzen ...). Da eine der Besonderheiten von Zwerghühnern genau diese Fähigkeit ist, besser zu flattern als andere Hühner, sollte man da vielleicht einfach lernen, damit zu leben?

Wenn das nicht geht, ist es besser, sich eine schwere Rasse anzuschaffen. Für meine Orpington scheint es bereits eine große Sache zu sein, sich etwas erhöht niederzulassen.

DIE ABREISE VORBEREITEN

WENN MAN IN DEN URLAUB FÄHRT …

„Wenn am Strand nichts ist zu tun, bleib' doch bei deinem Huhn!"

Da Hühner (wenn sie keine Luxushühner sind) weder im Hotel oder am Strand noch auf Campingplätzen oder im Flugzeug erlaubt sind und die Hühner es auch an gutem Willen fehlen lassen, wenn Sie sie mitnehmen wollten, sollte man lange vor dem geplanten Urlaub überlegen, was Sie mit Ihrer Hühnerschar machen. Zahlreiche Bücher über Hühner bestätigen Ihnen, dass man Hühner nicht allein lassen kann. Diesem Punkt stimme ich nicht zu. Ein Huhn ist kein Meerschweinchen und keine Katze und kein Hund … Ein Huhn ist ein superselbstständiges Tier. Wenn man die notwendigen Vorkehrungen trifft, nicht völlig unverantwortlich ist, kann man die Hühner einige Tage lang tatsächlich allein lassen. Es lohnt also nicht, zehn Tage vor Ihrer Abreise Hühnerfrikassee zu essen, um das Problem endgültig zu lösen. Man bereitet seine Abwesenheit einfach im Vorfeld vor.

VORSCHLÄGE FÜR GESCHENKE AN DIE NACHBARN

Ein kleines essbares Geschenk ist ideal, es besteht weniger Gefahr, sich im Geschmack zu irren als bei einem Gegenstand. Es ist schnell gegessen und macht Freude.

- ein Glas Honig
- ein Glas Marmelade
- guter Käse
- eine Flasche Wein
- gutes Olivenöl
- Schokolade
- Fruchtgelee
- Süßigkeiten und Bonbons
- Kekse und andere lokale Spezialitäten aus Ihrem Urlaubsort

DIE ABREISE GUT PLANEN

Wenn man weiß, dass man regelmäßig im Jahr verreist, sollte man sich einen Hühnerstall mit automatischem Schließ-Öffnungs-Mechanismus anschaffen. Diese programmierten Türen, die in aller Herrgottsfrühe aufgehen und bei Einbruch der Nacht zugehen, können leicht über das Internet gesteuert werden – eine Anschaffung, die sich lohnt. Während Ihrer Abwesenheit betreten und verlassen die Hühner ihren Stall so, als ob nichts wäre. Darüber hinaus muss man den Hühnern viel mehr Wasser und Nahrung zur Verfügung stellen, als sie während Ihrer Abwesenheit benötigen würden. Ein Futterautomat mit großem Fassungsvermögen, in dem das Körnerfutter nachrieselt, sobald gefressen wird, leistet gute Dienste. Außerdem ist eine große Tränke, wo das Wasser automatisch aus einem Reservoir in eine Rinne nachläuft, ein Muss.

Wenn Sie länger als eine Woche verreisen, ist es besser, einen Nachbarn oder Freund zu bitten, immer wieder einmal ein Auge auf Ihre Hühner zu werfen, um sicherzustellen, dass alles gut geht und sie genügend zu trinken und zu fressen haben. In der Regel wissen es die Nachbarn zu schätzen, wenn sie während Ihrer Abwesenheit die Eier einsammeln können. Bringen Sie Ihnen ein kleines Reisemitbringsel als Dankeschön mit und vergessen Sie vor allem nicht, Ihnen das ganze Jahr über Eier zu schenken!

Die Jahreszeiten, die Probleme bereiten, sind der Sommer wegen der starken Hitze und Trockenheit, wo das Wasser verdunsten

Die Qual der Wahl: Hängematte oder Liegestuhl?

kann, und der Winter in der Frostperiode, denn man muss jeden Tag das gefrorene Wasser aufhacken, damit die Hühner ihren Durst löschen können. Zu diesen beiden Zeitpunkten ist es tatsächlich nicht möglich, länger als eine Nacht wegzubleiben, ohne jemanden zu bitten, nachzusehen. Die Hühner können das Eis nicht mit ihrem Schnabel aufhacken. Die Hilfe eines Nachbarn oder Angehörigen ist unumgänglich, und zwar jeden Tag. Überlegen Sie es sich gut und bereiten Sie Ihre Reise unter Berücksichtigung dieses Aspekts vor.

Heutzutage findet man im Internet zahlreiche Kleinanzeigen von jungen Leuten, die sich etwas Taschengeld verdienen möchten, indem sie auf Tiere aufpassen. Das kann auch eine gute Lösung für Ihre Hühner sein, wenn Sie niemanden sonst dafür haben. Versuchen Sie, jemanden zu bekommen, der einen guten Ruf hat. Mundpropaganda funktioniert gut.
Lassen Sie Ihre Hühner auch dann nicht allein, wenn eines davon brütet und Küken haben wird oder wenn eines der Hühner krank ist. Sonst könnten Sie bei Ihrer Rückkehr eine böse Überraschung erleben.

Kurz gesagt ist das Huhn, wenn man sich im Vorfeld und mit gesundem Menschenverstand organisiert, eines der Tiere, die am wenigsten Aufwand in Bezug auf das Verreisen erfordern. Es macht ihm nichts aus, wenn es Sie ein paar Tage lang nicht sieht, und es trägt keinerlei Trauma davon, solange es genug zu trinken und zu fressen hat. Es wird Sie bei Ihrer Rückkehr problemlos erkennen, vor allem, wenn Sie ihm einige Leckereien mitbringen. Wenn Sie wirklich über längere Zeit verreisen müssen, zum Beispiel länger als drei Wochen, können Sie sich auch mit einem Bauern in der Gegend verständigen, ob nicht die Möglichkeit besteht, ihm Ihr Federvieh gegen ein Entgelt anzuvertrauen. Den Hühnern sagt ein solcher Zwangsurlaub nur mäßig zu, denn sie

lieben nichts so sehr wie ihre Gewohnheiten. Vielleicht gibt es auch einige Verluste zu bedauern, wenn der Bauer Wichtigeres zu tun hat, als auf Ihre Hühnerschar aufzupassen. Aber mangels besserer Alternativen kann dies eine Lösung sein.
Man kann aber auch während des Urlaubs einfach nicht verreisen und dafür mehr Zeit mit seinen Hühnern verbringen. Den Hühnerstall neu streichen, eine Hängematte im Garten aufhängen, um inmitten der Hühner ein Buch zu lesen, den Hühnern Supernester bauen, leere Eierschalen bemalen, sich in die Aufzucht von Küken stürzen, jede Menge Kuchen und Crêpes backen ... Die ganze Familie kann sich in den Ferien an allen möglichen Aktivitäten erfreuen, die mit Hühnern zu tun haben.

UND WENN MAN UMZIEHT?

Der Umzug der Hühner muss im Vorfeld geplant werden. Es ist die Gelegenheit, den Hühnerstall Ihrer Träume zu bauen – im Voraus, noch vor dem Umzug! Es kann sich jedoch eine Verzögerung zwischen dem Zeitpunkt, zu dem Sie das bisherige Domizil verlassen, und dem Moment, in dem Sie in das neue einziehen, ergeben. Daher muss ein Übergangsort für die Hühner geplant werden ... *„Hallo? Papa? ...“*
Am Umzugstag selbst müssen einige Kartons mit größeren Löchern zur Belüftung parat stehen, um die Gockelinen zu transportieren. Sie genießen nur selten die Freuden einer Reise. Darüber hinaus sind sie bei ihrer Ankunft in ihrem neuen Hühnerstall möglicherweise etwas verwirrt und brauchen, genau wie Sie, einige Tage, um sich einzugewöhnen. Damit sie ihr neues Zuhause kennenlernen, machen Sie es so wie beim ersten Mal, als sie neu zu Ihnen kamen: Schließen Sie sie zwei bis drei Tage und Nächte im Stall ein (siehe Seite 26).

Von Eidotter, Eiklar und Eierschalen

„Es geht nichts über frische Eier."

An diesem schönen Mittag Ende Februar scheint eine Ruhe und Sanftheit in der Luft zu liegen, die die Ankunft des Frühlings ankündigt. Überdies hat eines der Junghühner früher am Morgen als sonst sein Lied gesungen. Kleiner Rundgang im Hühnerstall, um nachzusehen, ob den Damen nichts fehlt.
Da! Ich fühle mich wie Christoph Kolumbus. In einer Ecke liegt ein kleines Wunder. Ein Ei. Das erste. Es ist ganz glatt, etwas schmutzig. Ein kleiner Schatz, ein Geschenk der Hühner. Welches hat es wohl gelegt? Der Kamm von Madämchen ist noch etwas blass. Aber Puttchen zeigt einen wunderschönen zinnoberroten Kopfschmuck, ein Zeichen, dass sie fruchtbar ist und dass sie mit dem Eierlegen beginnt. Das erste Ei des Jahres wird daher weich gekocht gegessen, zu Ehren der gefiederten Künstlerin.
Dieses Ei ist das erste einer langen Reihe von Eiern. Hennen legen das ganze Jahr über, mit einigen Legepausen, vor allem während der Mauser und auch im Winter, wenn ihnen das „Hinterteil zugefroren" ist. In

Wirklichkeit ist es nicht die Kälte, sondern der Mangel an Licht, der bewirkt, dass sie aufhören zu legen. Einige Rassen, wie Orpington oder Rhodeländer, sind Winterleger. Wenn man sie mit traditionellen Legerassen zusammen hält, kann man nahezu das ganze Jahr über frische Eier haben.
Eine Junghenne beginnt mit ungefähr sechs Monaten zu legen, wobei die kleinen Rassen noch früher dran sind. Schwerere Rassen legen etwas später.

GROSSARTIGE SCHÄTZCHEN

Die Henne verkündet stets, wenn sie ein Ei gelegt hat: Sie gackert eine Zeit lang. Manche sagen, dass sie so dem Hahn anzeigt, dass sie fruchtbar ist. Manche Hennen sind sehr „gesprächig", andere wiederum sind etwas diskreter. Was für ein Vergnügen, noch warme Eier einzusammeln!
Extra frische Eier sind zweifellos eine der größten Delikatessen, die es gibt. Weich gekocht, als Spiegelei, hart gekocht, als Omelett, in Crêpes, in Kuchen … sie sind einfach nur köstlich. Eier sind eine der besten Eiweißquellen, qualitativ hochwertig und vom Organismus leicht zu verwerten. Das Ei ist ein gehaltvolles Nahrungsmittel, voll mit Vitaminen (D, B_2, B_{12}). Lange wurde behauptet, dass Eier den Cholesterinspiegel erhöhen können, aber aufgrund neuerer Studien rücken Ernährungswissenschaftler weitgehend von dieser Vorstellung ab. Selbst

Menschen mit hohem Cholesterinspiegel könnten ein Ei pro Tag essen. Dieses Nahrungsmittel enthält so viel Gutes für die Gesundheit, dass es dumm wäre, ihm zu entsagen.
Wenn sie zu viele Eier haben, lassen Sie Ihre Familie, Nachbarn und Kollegen davon profitieren ... Hat man einmal „hausgemachte" Eier probiert, mit warmen Brotschnittchen zum Eintunken und weicher Butter, wird es einem schwerfallen, ein im Supermarkt gekauftes Ei, selbst ein Bio-Ei, weich gekocht zu essen. Nichts kann das von Puttchen und ihren Kolleginnen gelegte Ei ersetzen, das aus Regenwürmern, Spinnen und dem Gras im Garten entstanden ist.
Eier sind kleine Geschenke, die von den Hennen Tag für Tag angeboten werden, sodass man sie nicht mehr entbehren kann. Das also sind die verdienstvollen Tiere, die ihre Brötchen wirklich verdienen. Mit ihnen hat man eine Win-Win-Situation. Nur manchmal entscheiden sich die Hennen, ihre Eier für sich selbst zu behalten. Und sie setzen alles daran, unglaubliche Verstecke zu finden: unter der Hecke, unter der Gartentreppe, hinter der Hütte, unter einem großen Büschel von Grashalmen ... Man muss ihr Nest suchen, wie man zu Ostern Schokoladeneier sucht.
Eine gute Methode, die Hennen dazu zu bewegen, an einem für uns gut erreichbaren Ort ihre Eier zu legen, besteht darin, ihnen im Hühnerstall ein Nest zu bauen, ruhig und versteckt, in das man ein falsches Ei aus Gips oder Kunststoff hineinlegt. Unsere Großmütter kannten alle diese kleinen Tricks. Tatsächlich legen Hühner sehr gerne dort, wo andere Hennen bereits gelegt haben.

EIERMERKWÜRDIGKEITEN

Es kann passieren, dass Hühner seltsame Eier legen. In manchen Zuchtlinien kommen Eier mit zwei Eidottern relativ regelmäßig vor. Und es kann passieren, dass manche Eier gar keinen Eidotter haben. Eier mit weicher Schale sind ein Zeichen für einen Kalziummangel oder für Stress. Manche Eier haben eine etwas misslungene, körnige Schale.
Sobald sie ihre Eier gelegt haben, berühren die Hennen ihr Werk nicht

ROHE EIER

Früher war es auf dem Land weit verbreitete Praxis, extra frische Eier zu schlürfen. Man machte an beiden Enden des Eis ein kleines Loch, danach saugte man am Ei, das man über sich hielt, um seinen Inhalt zu schlürfen. Nach einer Grippe wurde empfohlen, Eier auszuschlürfen, um schneller wieder auf die Beine zu kommen. In Italien war das berühmte Dessert aus frischen, rohen Eiern, das Tiramisu, ursprünglich für gebärende Frauen bestimmt, damit sie sich schneller erholten. Auch wenn Tiramisu und Schokoladenspeisen mit rohen Eiern, deren Eiweiß zu Eischnee geschlagen wird, nach wie vor beliebt sind, sieht man doch kaum jemanden ein rohes Ei schlürfen. Wir essen öfter gekochte Lebensmittel und haben den Geschmack an Rohem verloren, wir fürchten das Glibberige des Eis und haben Angst vor Mikroben. Gekochtes Eiweiß wird außerdem besser verdaut als rohes.

mehr. Ein Ei ist heilig. In seltenen Fällen kommt es jedoch vor, dass das Huhn seine Eier zerbricht und auffrisst. Das Problem ist, dass wenn ein Huhn diese schlechte Angewohnheit angenommen hat, es nicht immer leicht ist, es dazu zu bringen, sie wieder abzulegen. Auf Bauernhöfen wurden Eier fressende Hühner geschlachtet. Ein sogenanntes Abrollnest – das Ei rollt im leicht schrägen Legenest davon und das Huhn kommt nicht mehr ran – kann auch eine Lösung sein. Es wird auch empfohlen, einige künstliche Eier zu platzieren (die nicht zerbrechen können) und die Nester in dunklen Ecken aufzustellen. Je mehr Platz das Huhn hat und je artgerechter es gehalten wird, umso weniger wird es diese Art von Verhalten zeigen. Man muss natürlich auch jeden Tag die Eier einsammeln!

Ein Ei ist zerbrechlich und robust gleichermaßen. Zerbrechlich, weil es nicht viel braucht, um es kaputt zu brechen. Robust, weil es das Gewicht einer brütenden Henne aushält, aber auch, weil man es, wenn man es an beiden Enden zwischen Daumen und Zeigefinger oder zwischen den Handflächen hält, nicht zerbrechen kann (außer es ist beschädigt). Dieses kleine Experiment ist für Kinder sehr unterhaltsam.

Ein brühwarmes weich gekochtes Ei, das einem an den Kopf geworfen wird, kann auch eine gefürchtete Waffe sein, wie ich einmal bei einem Familienstreit beobachtet habe, und das einen anhaltenden Groll beim Getroffenen hinterlässt, genauso wie quälende Gewissensbisse beim Werfer. Ich rate daher sehr von dieser Gepflogenheit ab.
Manchmal, aber glücklicherweise sehr selten, kann eine Henne ihr Ei nicht legen, weil es feststeckt. Der Henne geht es sehr schlecht. Das passiert, wenn das Ei zu groß ist oder wenn das Huhn ein Problem mit dem Eileiter hat. Es kann auch ein Zeichen für Nährstoffmangel sein. Wir sprechen hier von Legenot. Die Symptome sind unterschiedlich: Erschöpfung, Schreie, die sogenannte Pinguinhaltung, aufgeblähter Bauch usw. Das Huhn leidet sehr. Daher muss man schnell handeln, denn nicht selten stirbt das Huhn daran. Man sollte besser einen Tierarzt aufsuchen. Er wird zweifellos mit Antibiotika behandeln. Versuchen Sie gar nicht erst, das Ei selbst herauszuholen, Sie könnten es zerbrechen, wodurch das Huhn zum Tode verurteilt ist. Manche empfehlen auch, etwas Vaseline in die Kloake einzuführen und außen herum aufzutragen, um das Ausstoßen des Eis zu erleichtern. Tatsächlich legt das Huhn die Eier durch seine Kloake, die Körperöffnung, die für alles zuständig ist: für das Eierlegen und für den Kotabsatz. Aber das Ei stammt nicht von derselben Stelle wie der Kot, nur der Ausgang ist derselbe. Trotz allem sind die Eier selten verschmutzt. Es ist wichtig, dass die Nester, in denen die Hennen legen, stets absolut sauber sind. Die Einstreu muss regelmäßig gewechselt werden und es ist darauf zu achten, dass sich kein Kot darin befindet. In der Regel verschmutzen die Hennen ihre Nester nicht, aber es kann vereinzelt doch mal dazu kommen.

EIER AUFBEWAHREN

Wenn Sie Eier einsammeln, gewöhnen Sie sich an, das Datum mit Bleistift (niemals mit Filzstift!) auf der Schale zu notieren. So erinnern Sie sich daran, wann es gelegt wurde.
Es herrschen zwei Auffassungen vor, wie Eier aufzubewahren sind: die alte Schule, wonach sie im Freien in einer Speisekammer aufbewahrt werden, und die moderne Ansicht mit der Kühlung im Kühlschrank. Die Wahrheit ist, dass man Eier ohne jedes Risiko auf beide Weisen aufbewahren kann. Ein frisch gelegtes Ei hält sich einen Monat im Kühlschrank. Studien haben gezeigt, dass ein im Kühlschrank aufbewahrtes Ei seine Feuchtigkeit und Frische besser bewahrt. Am besten legt man sie in eine Eierschachtel. Dadurch wird auch verhindert, dass sie andere Gerüche aus dem Kühlschrank aufnehmen. Manche schwören

darauf, die Eier mit der Spitze nach unten einzusortieren und nicht nach oben, wie es häufig gemacht wird. Auf diese Weise sollen sie länger frisch bleiben.
Um herauszufinden, ob ein Ei frisch ist, kann man es in ein mit Wasser gefülltes Gefäß geben. Wenn das Ei zum Boden sinkt, ist es frisch. Wenn es im Wasser schwimmt, essen Sie es nicht: Seine Luftkammer hatte Zeit, sich zu vergrößern (deshalb sinkt es nicht mehr ab) – ein Zeichen, dass es alt ist.
Eier, die man aufbewahren möchte, darf man niemals abwaschen, da dadurch der natürliche Schutzfilm, der eine perfekte Keimfreiheit gewährleistet, entfernt wird.

WIE SIEHT EIN EI AUS?

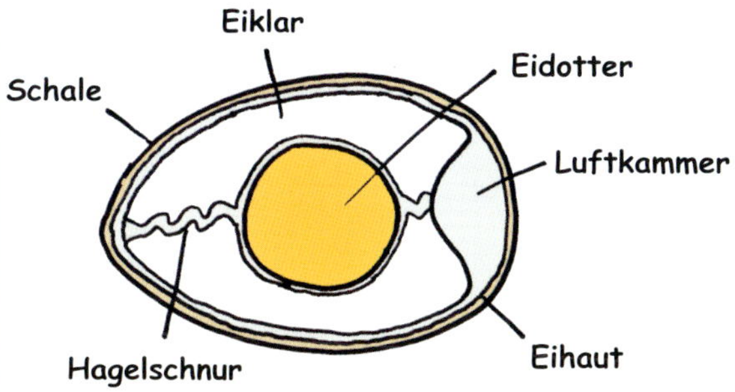

Das Ei besteht aus einer Schale, zwei Eihäuten, Eiklar (Eiweiß), der Dottermembran und dem Eidotter (Eigelb). Auf der runderen Seite des Eis befindet sich eine Luftkammer. Im Körper des Huhns sind die Eier als kleine Kügelchen in einer Art Traube angelegt. Man findet sie beim Ausnehmen von zum Verzehr bestimmten Junghühnern in den Eingeweiden.
Ursprünglich haben wilde Hühner nicht so viele Eier gelegt. Es war der Mensch, der über die Jahrhunderte die besten Legerassen selektiert hat, um aus dem Huhn ein so produktives Tier zu machen. Manche Legehennen, zum Beispiel Hybriden, legen mehr als 300 Eier pro Jahr – im ersten Legejahr wohlgemerkt, danach nimmt die Legeleistung kontinuierlich ab. Eine Rasse wird ab 180 Eiern pro Jahr als gute Legerasse angesehen. Viele Hühnerrassen legen deutlich weniger Eier.

Die seltenen Infektionen mit Salmonellen (die zu Durchfall und Fieber führen) geschehen, wenn das Huhn selbst bereits infiziert ist (achten Sie daher auf die Gesundheit Ihres Federviehs). Diese Bakterien werden beim Kochen des Eis abgetötet. Häufig ist das Risiko, sich eine Salmonellose zuzuziehen, am größten bei Schokoladenspeisen, Mayonnaise und sonstigen aus rohen Eiern hergestellten Speisen, vor allem wenn sie nicht sehr bald verzehrt werden. Im Übrigen ist die Sauberkeit des Eis gleichermaßen wichtig: Heben Sie niemals ein stark verschmutztes Ei oder ein Ei mit rissiger Schale auf. Beim geringsten Zweifel werfen Sie es weg! Es ist besser, von Zeit zu Zeit Eier zu vergeuden als sehr krank zu werden.
In jedem Fall sollte man Eier bald essen und nicht lange aufheben: Sie schmecken besser und die Risiken sind geringer. Man kann Eier auch einfrieren – vorausgesetzt, man entfernt die Schale! Tut man dies nicht, explodieren sie. Die Eiermasse hält sich in Gefrierbehältern etwa vier Monate. Nach dem Auftauen muss man sie sofort verbrauchen und darf sie natürlich nicht wieder einfrieren.

HÜHNER-
KRANKHEITEN

Oh mein Gott, mein Huhn hat die Krätze!

„Ist das Federvieh gesund, freut sich der Mensch."

Eines schönen kühlen Oktobernachmittags habe ich beim Beobachten von Dickmadam bemerkt, dass die Schuppen an ihren Beinen keine gute Figur machen. Die etwas erhabenen Schuppen von zweifelhafter Farbe schienen irgendwie ergraut. Wir hatten es hier nicht mit einem „Tanzhuhn" aus *Crazy Poule* mit glatten und seidigen Beinen zu tun, sondern mit einem alten Huhn mit schorfigen Stampfern. Nach den ersten Nachforschungen hatte die Aufregung bald ihren Höhepunkt erreicht: Dickmadam hatte ihre erste Krankheit, und was für eine! Kalkbeinmilben. Schon der Name lässt einem einen Schauder über den Rücken laufen und verursacht Gänsehaut. Abstoßende Internet-Fotos von Federvieh, das auf Stümpfen umherlief, waren furchteinflößend. Also: zum Tierarzt! Nicht, um ihm Dickmadam vorzustellen (die Untersuchung eines vor Missbilligung kreischenden Huhns blieb ihm erspart), sondern um das Präparat zu kaufen, mit dem ich das Huhn behandeln konnte. Die Wunderflüssigkeit war tropfenweise unter die Flügel des Huhns aufzutragen. Nach einigen Zwischenfällen war das Huhn geheilt und die Krätze verschwunden. Seither war sie bei Dickmadam nie mehr aufgetreten.

DAS ABWEHRKOMMANDO GEGEN DIE ROTE VOGELMILBE

Rote Vogelmilben sind eine Abscheulichkeit. Ihre Präsenz entdeckt man in der Regel auf unangenehme Weise: Nach einem Aufenthalt im Hühnerstall nach Sonnenuntergang, um beispielweise die Tür zu verschließen – und siehe da, alles voller winziger Tierchen, die überall herumwimmeln … auf den Hosen, den Armen oder, noch schlimmer, in den Haaren … Horror! Rote Vogelmilben sind bei Geflügel häufig vorkommende Parasiten, die nur sehr schwer wieder loszuwerden sind! Die Biester verstecken sich tagsüber in den Ritzen des Hühnerstalls und lassen sich nur nachts blicken, wenn sie das Blut der armen Hühner saugen. Glücklicherweise überleben sie auf dem Menschen nicht. *Uff!* Man darf diese Viecher aber nicht ignorieren, denn sie führen bei den Hühnern zu Erschöpfung, beeinträchtigen das Eierlegen und können bei massenhaftem Befall sogar den Tod bedeuten. Die Milbe vermehrt sich ungeheuer schnell (mehr als 100 Eier pro Woche und pro Weibchen!). Einwandfreie Sauberkeit im Hühnerstall schränkt natürlich ihre Verbreitung ein. Aber man muss sie auch mit einem Akarizid (Milbenmittel) bekämpfen – vor allem in den Ritzen und mit mehrmaligen Anwendungen, um das ganze Milbengeschwader auszurotten … Um den Befall nachzuweisen, empfiehlt es sich, ein zur Kugel zusammengerolltes weißes Tuch in eine Ecke des Hühnerstalls zu legen und es einige Tage später zu entfalten, um zu sehen, ob sich Milben darin versteckt haben.

Also, was sind das: Kalkbeine? Dabei handelt es sich um eine Geflügelerkrankung. Schuld daran sind Milben, die sich zwischen den Schuppen der Beine einnisten und die Krankheit verursachen. Sie heilt sehr gut aus, wenn sie rechtzeitig erkannt wird. Aber nicht behandelte Kalkbeinmilben führen zum Verlust der Zehen, ein wahrer Albtraum, den man nicht auf die leichte Schulter nehmen sollte.

GARSTIGE BIESTER, DIE DEN HÜHNERN AUFLAUERN

Einige Milben befallen das Gefieder und andere (Rote Vogelmilben) saugen nachts das Blut der Hühner. Bei Befall müssen die Hühner und der Hühnerstall zwingend behandelt werden. Hühner können auch von unterschiedlichen Läusen geplagt sein (die nicht den Menschen befallen). Auch in solchen Fällen muss behandelt werden. Kontrollieren Sie regelmäßig das Gefieder Ihrer Hühner, um sich zu vergewissern, dass sie keine Parasiten haben oder die Haut gereizt ist.

Hühner können auch unter Viruserkrankungen leiden: Newcastle-Krankheit, Vogelgrippe, Marek-Krankheit usw. Am besten ist es, das Geflügel impfen zu lassen, sofern es einen Impfstoff gibt. Eine Impfung gegen die Newcastle-Krankheit ist sogar Pflicht. Ansonsten ist es wichtig, absolute Sauberkeit walten zu lassen und nicht zu viele Hühner im Hühnerstall unterzubringen.

Die berüchtigtste Geflügelmikrobe ist die Salmonelle (siehe Seite 76). Es gibt aber auch noch die Geflügelcholera (der Kamm verfärbt sich violett) und die Vogeltuberkulose. Geflügelschnupfen verursacht Husten und Röcheln. Auch hier ist Sauberkeit eine der besten Vorbeugungsmaßnahmen.

Kontrollieren Sie Ihre Hühner jeden Tag auf Krankheiten. Je früher eine Infektion behandelt wird, umso größer die Chancen, dass das Huhn gesund wird und die anderen Hühner nicht ansteckt. Jedes verdächtige Huhn muss unter Quarantäne gestellt werden.

Hühner können sich auch Würmer zuziehen. Man sollte dies beim geringsten Verdacht – ein Huhn mit Wurmbefall magert ab und bekommt Durchfall – abklären lassen. Der Tierarzt untersucht eine Kotprobe und gibt bei Bedarf entsprechende Entwurmungsmittel mit. Eine regelmäßige Gabe von Knoblauch wäre ein Rezept unserer Großmütter zur Vorbeugung gegen Würmer – das allerdings nicht wirkt. Aber Knoblauch schadet jedenfalls

nicht, denn er enthält viele gute Nährstoffe.
Von all den genannten Krankheiten abgesehen, muss man dennoch zugeben, dass Hühner im Allgemeinen bei guter Gesundheit sind. Bei guter Pflege leben sie noch lange, nachdem sie mit dem Eierlegen aufgehört haben, wobei ihre Lebensdauer zehn Jahre und mehr betragen kann (siehe Seite 20). Mein Bruder, der seine acht Jahre alte Henne betrachtete, traf die Feststellung: „Ein Huhn ist unkaputtbar."

AUF MENSCHEN ÜBERTRAGBARE KRANKHEITEN

Wie alle Tiere können auch Hühner einige Krankheiten auf den Menschen übertragen (sogenannte Zoonosen). Vorbeugend sollte man sich daher vor und nach Berührung des Geflügels gründlich die Hände waschen. Lassen Sie die Hühner auch nicht ins Haus; ihre Unterkunft ist der Hühnerstall!
Die berüchtigte Vogelgrippe, die von Zeit zu Zeit Schlagzeilen macht, tötet in Wirklichkeit weitaus weniger Menschen weltweit als die Menschengrippe. Sie ruft einen grippeähnlichen Zustand hervor, der bei manchen Menschen schwerwiegende Komplikationen hervorrufen kann. Eine Voliere mit festem Dach verhindert eine Ansteckung der Hühner durch Wildvögel. Die für die Salmonel-

WORAN ERKENNT MAN EIN KRANKES HUHN?

Ein erkranktes Huhn sitzt teilnahmslos da, kugelrund, mit aufgeplustertem Gefieder. Es macht einen erschöpften Eindruck und frisst weniger. Es kann Durchfall haben oder Atembeschwerden. Am besten isoliert man es schnell von den anderen Hühnern (manche Krankheiten sind ansteckend) und wenn man an dem Tier hängt, lässt man es von einem (möglichst auf Vögel spezialisierten) Tierarzt untersuchen.

lose verantwortliche Salmonelle ist eine Mikrobe, die durch viele Haustiere, unter anderem das Huhn, übertragen werden kann und beim Menschen unter anderem Fieber, Durchfall, Übelkeit und Erbrechen auslösen kann und antibiotisch behandelt werden muss. Was das Huhn betrifft, so erfolgt die Übertragung häufig durch die Eier. Hühner können gleichfalls Träger von Staphylokokken, Botulismus, Borreliose über infizierte Zecken, Mikroben, die Gastroenteritis verursachen, usw. sein.

IGITT! EKLIGES RUND UMS HUHN

Ein Huhn, das rülpst? Halten Sie das nicht für zu ausgeflippt! Ich kann Ihnen versichern, dass ein Huhn rülpst! Ich habe es bei Federchen bemerkt, einem jungen schwarz-silbernen Marans-Huhn, das auf meinen Knien Siesta hielt, nachdem es sich mit allem, was es verschlingen konnte, vollgestopft hatte, sein Kropf voll und bis zum Bersten gedehnt. In regelmäßigen Abständen ging von ihm ein zweifelhafter Geruch aus. Nachdem ich überall danach gefahndet hatte, woher dieser Geruch kommen könnte, und das Huhn beschnüffelt hatte, das nach nichts als seinem Gefieder roch, fiel mir auf, dass es von Zeit zu Zeit eine kleine Bewegung von Kropf, Hals und Schnabel machte, worauf sofort dieser Geruch folgte. Es rülpste, keine Frage. Und zwar durch den Schnabel! Zweifellos ein Zeichen dafür, dass es schlecht verdaute, obwohl es bester Gesundheit war. Ich habe es auf der Stelle zu seinen Kameradinnen, weit weg von mir, zurückgebracht!
Ernsthaft, zum Thema Fürze und Rülpser bei Vögeln ist kaum etwas bekannt. Man könnte meinen, kein Mensch interessiert sich für dieses wichtige Thema. Manche Wissenschaftler behaupten, dass Vögel nicht rülpsen können, wieder andere sind vom Gegenteil überzeugt. Die Frage bleibt offen, aber ich bin überzeugt, dass Letztere Recht haben. Wann gibt es eine Doktorarbeit über Hühnerfürze?

Stinkender Durchfall in der Brutzeit. Nach etwa zwei Wochen Brutzeit kommt es nicht selten vor, dass das Huhn, dessen Darm durch diese ganzen physiologischen Veränderungen durcheinandergebracht wurde, einen enormen, widerlich stinkenden Fladen im Hühnerstall ablässt. Viel Spaß demjenigen, der es aufputzen muss ... Im Schnitt zählt man einen Haufen dieser Art pro Brutzeit, kaum mehr. Während der übrigen Brutzeit gibt sich das

Huhn damit zufrieden, einmal am Tag einen enormen übel riechenden Kothaufen abzusetzen, der im Vergleich zu dem ekelhaften Durchfall erträglich ist. Nach dem Brüten kommt alles wieder in Ordnung.
Um beim Thema Kacke zu bleiben: Es kommt vor, dass ein Huhn oder ein Küken aus irgendeinem Grund Kot am Hintern hat. In diesem Fall ziehe ich es vor, es mitzunehmen und die Stelle in warmem Wasser einzuweichen, da sie sonst ein wahres Mikrobennest werden kann. Ganz offensichtlich verabscheuen die Hühner es, wenn man ihnen den Hintern putzt.

Erfrorener Kamm. Das kann furchtbar aussehen, aber ja, der Kamm und die Kehllappen können erfrieren. Zur Vorbeugung bringen Sie die Hühner frostgeschützt unter und reiben ihnen bei starkem Frost den Kamm mit Vaseline ein. Frost per se ist übrigens kein Problem für Hühner, es darf nur kein Schwitzwasser im Stall geben. Kälte plus Feuchtigkeit stellt die Hühnergesundheit insgesamt auf eine harte Probe.

Picken. Eine befreundete junge Bäuerin hat mir folgende abscheuliche Geschichte erzählt. Als sie ihren Hühnern Futter brachte, fand sie eines davon mit einem Loch mitten in der Brust vor. War es von einem Raubtier angegriffen worden? Zweifellos. Aber die anderen Hühner, wild auf dieses frische Blut, fielen über ihre Kollegin her, indem sie in ihre klaffende Wunde pickten. Und das Huhn selbst ergab sich den Schnabelhieben. Angesichts dieses zum Tode verurteilten Huhns traf die Bäuerin die Entscheidung, sein Leiden abzukürzen. Insgeheim ist sie nun davon überzeugt, dass Hühner die unheimlichsten Tiere sind, die es gibt.
Kommen wir nochmals auf das Phänomen des Pickens zurück, das wirklich eines der abscheulichsten Dinge ist, das man in einem Hühnerhof beobachten kann. Die Hühner fangen damit an, sich Federn auszurupfen, bis sie bluten, dann picken sie in der Wunde herum, häufig auf Höhe des Bürzels. So gehen sie vom bloßen Picken zum Kannibalismus über.
Das Hauptproblem ist Platzmangel. Auf einem weitläufigen Gelände versteckt sich ein verletztes Huhn irgendwo. Nur wenn es sich in einem geschlossenen Raum befindet, aus dem es nicht flüchten kann, kommt es zu diesem Problem. Das Picken

geschieht also in zu dicht besetzten Hühnerställen, bei Tieren mit Mangelerscheinungen, deren Ernährung weder ausgewogen (Eiweißmangel, Mangel an Grünzeug ...) noch gehaltvoll ist. Darüber hinaus ist es eine rassenspezifische Veranlagung. Hier sind manche einfach anfällig ...
Sobald ein Huhn verletzt ist, muss man es von den anderen Hühnern isolieren und seine Wunde behandeln. Ein gesundes Leben, die Möglichkeit, ihr Gefieder mit Staubbädern zu pflegen, ein Auslauf mit viel Grünzeug und Insekten – all das ist für die Hühner lebenswichtig.

Eine unheimliche körperliche Besonderheit! Hühner (und andere Vögel) haben drei Augenlider und eines davon schließt sich seitlich, wie bei den Monstern in Horrorfilmen. Dieses Augenlid nennt man „Nickhaut", es ist durchsichtig. In der Regel bekommt man es nicht zu Gesicht, denn das Huhn bewegt dieses Lid extrem schnell. Tatsächlich ähnelt sein Auge dem von Reptilien. Bestimmte Säugetiere (wie Katzen oder Hunde) besitzen ebenfalls dieses dritte Augenlid.

Halb geöffnete Nickhaut.

Dickmadam will brüten

Wie man ein Huhn vom Brüten abhält

„Stur wie ein … Huhn!“

Kühler früher Morgen. Dickmadam liegt flach auf ihrem Nest. Misstrauischer Blick. Unbeweglich. Wie ein riesiger schwarzer Pfannkuchen. Legt sie gerade? Ich lasse sie in Ruhe, komme um 13:00 Uhr wieder. Sie hat sich nicht gerührt. Schweigen im Hühnerstall. Ich gehe näher ran. Sie verfolgt mich mit bösem Blick. Kein Wackeln mit dem Kamm, kein Zucken mit dem Gefieder.
Ist das möglich? Hat Dickmadam zu brüten begonnen? Ich berühre sie, sie protestiert, plustert ihr Gefieder auf und stößt eine Art Grollen aus, das ich von ihr nicht kenne. Ich fürchte mich ein bisschen. Nichts zu machen. Sie weigert sich, aus dem Nest zu gehen. Ich hebe sie hoch.
Gaaaaaaaack! Sie ist überhaupt nicht zufrieden und stößt ein Protestgeschrei aus, von dem ich nicht dachte, dass ein Huhn dazu fähig wäre. Sie sitzt auf einem einzelnen armen Ei. Ich nehme es weg. „Das taugt nicht zum Brüten, mein altes Mädchen. Es gibt keinen Hahn. Dein Ei ist nicht befruchtet.“
Schnell geht sie wieder in ihr Nest, äußerst unzufrieden, und rafft ihr Gefieder, wie eine alte Matrone ihre

Unterröcke raffen würde. Nachdem sie sich erneut breitgemacht hat, nimmt sie wieder ihre charakteristische Haltung ein, über dem Nest ausgebreitet, ihr Kopf in Verlängerung ihres Körpers, und rührt sich nicht mehr. Man muss sich den Tatsachen beugen: Diese Henne hat sich zum Brüten entschlossen!

BRÜTIGES HUHN

Am nächsten Tag hat sie sich immer noch nicht gerührt. Das fehlende Ei? Darauf pfeift sie. Die Absurdität, ein leeres Nest zu bebrüten, entzieht sich ihr. Ich informiere mich. Eine brütige Henne, eine Gluckhenne oder eine Glucke, das ist ein Huhn, das von einem unwiderstehlichen Bruttrieb erfasst wird, es verlässt das Nest nicht mehr. Egal, ob Eier darin sind oder nicht. Der Trieb ist stärker als das Huhn. Nimmt man es aus dem Nest, geht es glucksend wieder zurück. Es ist total besessen. Nichts zählt mehr. Es muss gebrütet werden!

Das Phänomen des Brütens ist biologisch bedingt. Es wird durch das Hormon Progesteron ausgelöst. Nachdem das Huhn ausreichend viele Eier gelegt hat, steigt seine Körpertemperatur und es verliert Federn am Bauch. Es wird nun zu einer regelrechten Eierwärmflasche. Auch sein Verhalten verändert sich. Es gluckst, rauft sich das Gefieder. Sein Kamm wird blass und schlapp. Auf ihrem Nest macht es sich ganz flach, wie ein Kuhfladen, und nimmt eine noch breitere Haltung ein als beim Eierlegen. Vor allem sein Starrsinn scheint keine Grenzen zu kennen. Normalerweise sollte diese Sucht nur 21 Tage anhalten, die Zeitdauer, die die Küken zum Schlüpfen brauchen. Wenn aber die Henne keine befruchteten Eier hat, kann die Verbissenheit viel länger anhalten. Das Problem einer Henne, die in einem leeren Nest sitzt, ist, dass sie ihre Zeit für nichts vergeudet und keine Eier mehr legt. Sie kann buchstäblich bis zur Erschöpfung auf ihrem Nest brüten, denn es wird niemals etwas schlüpfen. Daher ist die Situation ärgerlicher, als es den Anschein hat. Hybridhühner sind nie brutlustig, sie haben ihren Brutinstinkt eingebüßt. Aber viele freilebende, robuste Hühner alter Rassen sind in Bezug auf den technischen Fortschritt und automatische Brutapparate nicht auf dem Laufenden. Sie wollen selbst brüten und ihre Eier keinesfalls einer Maschine überlassen. Aber das ist

von Rasse zu Rasse unterschiedlich. Bestimmte Hühnerrassen wie das Seidenhuhn sind dermaßen hartnäckige Brüterinnen, dass man ihnen alles zum Ausbrüten geben kann. Sie nehmen jedes Ei unter ihre Flügel, sogar einen Golfball. Mein Großvater hat einmal gesagt: „Die größte Gemeinheit, die man einem Huhn antun kann, ist, ihm Enteneier zum Brüten zu geben. Wenn die Entchen geschlüpft sind und zum Schwimmen gehen, rennt es unter lautem Kakeln und völlig durcheinander um das Wasser herum ..." Es ist wahr, man kann eine Henne Enteneier und sogar Gänseeier ausbrüten lassen, wenn die Henne die passende Größe hat. Man sollte ihr aber keine kleinen zerbrechlichen Eier unterlegen (wie Wachteleier), da sie sie zerbrechen würde.

GROSSMUTTERS REZEPTE

Was also tun mit einer brütigen Henne? In Anbetracht der Entschlossenheit von Dickmadam habe ich verschiedene Rezepte aus der Gegend, die ich hie und da abgestaubt habe, ausprobiert.
Das erste Rezept besteht darin, das Huhn bei seiner Brüterei irgendwie zu stören, es zum Beispiel weit weg vom Hühnerstall unterzubringen, die Nester an andere Stellen zu verlegen, die Nester mitnehmen, sein Umfeld verändern ... Bei einigen gefiederten Sensibelchen funktioniert das hervorragend. Aber mit einem so dickköpfigen Huhn wie Dickmadam war alles für die Katz'. Kein Nest? Sie brütete trotzdem. Nichts zu machen.

ZU WELCHER JAHRESZEIT BRÜTEN HÜHNER?

Hühner brüten meistens im Frühjahr, der besten Jahreszeit, um Küken aufzuziehen. Ende März, Anfang April ist eine geeignete Zeit für die erste Brut. Aber manche Übergeschnappte fangen sehr früh im Jahr an, während es noch kalt ist, und andere Sturschädelinnen können bis in den Herbst hinein brüten, wenn schon schlechtes Wetter herrscht. Man muss außerdem wissen, dass ein Huhn mit zunehmendem Alter weniger brütet, da es auch immer weniger Eier legt. So scheint unsere Althenne Dickmadam, die Matriarchin unseres Hühnerstalls, mittlerweile nicht mehr am Brüten interessiert zu sein. Nachdem sie uns während ihrer gesamten Jugendzeit verrückt gemacht hatte, so eifrig wie sie war, scheint sie sich nun mit ihrer Rolle als streitsüchtige Großmutter zufriedenzugeben und verbreitet Angst und Schrecken im Stall, weil sie die Küken der anderen nicht ausstehen kann.

UND WENN MAN DAS GEGENTEIL WILL? EIN HUHN ZUM BRÜTEN BEWEGEN!

Wenn es schon nicht leicht beziehungsweise fast unmöglich ist, ein Huhn vom Brüten abzuhalten, kann es genauso schwierig sein, es zum Brüten zu bewegen.
Mir ist aufgefallen, dass ich nach der Rückkehr aus meinem Urlaub häufig meine Hühner beim Brüten vorfand. Warum? Weil die Hühner während meiner Abwesenheit vier oder fünf Eier angesammelt hatten und weil dieses rührende Ereignis zweifellos die biologische Reaktion ausgelöst und sie zum Brüten veranlasst hatte.
Man kann ein Huhn nicht zum Brüten zwingen. Man kann nur die Bedingungen schaffen, die dieser netten Dame Lust aufs Brüten machen. Jedenfalls muss sie als guter Vogel mit dem Eierlegen fertig sein, um Lust zu haben, ihr Nest etwas zu erwärmen. Das besagte Nest sollte ruhig gelegen sein, damit sich das Huhn dort ungestört einrichten kann. Außerdem gibt es manche Hühnerrassen oder manche aus Kunstbrut geschlüpfte Hühner, die niemals brüten werden. Da braucht man sich keine Hoffnung zu machen. Wer Küken haben will, sollte die für ihren Mutterinstinkt bekannten Rassen aussuchen: Seidenhühner, Brahma, Cochin, Marans, Orpington, um nur einige zu nennen.
Ich persönlich bevorzuge Rassen, die brüten. Es ist der Beweis, dass sie ihren Instinkt bewahrt haben. Aber für jemanden, der nicht durch die Launen eines brütigen Huhns genervt sein will, gibt es bestimmte Rassen, die niemals brüten und eine ungestörte Ruhe garantieren.

Früher, auf dem Lande, wurde manchmal auch empfohlen, „den Hintern der Henne in kaltes Wasser zu tunken", damit die Körpertemperatur gesenkt wird und das Brütigsein vergeht. Das funktioniert wirklich bei manchen Hühnern. Also schnell, ein Becken kaltes Wasser, ich fange Dickmadam und versuche, ihren Bürzel im Wasser zu versenken. Geschrei, Flügelschlagen, Wasserspritzer. Diese Methode scheint mir so barbarisch wie spinnig. Ich habe keine Lust, mich mit einem Huhn zu prügeln. Ich lass' es sein ...
Angesichts dieses erneuten Fehlschlags war es an der Zeit, zu drakonischeren Maßnahmen überzugehen: das Huhn in einem belüfteten Karton oder Kaninchenstall mit Hühnerfutter und Wasser 48 Stunden lang einsperren. Das funktioniert auf jeden Fall, wird mir unter Eid versichert. Also ab ins Gefängnis mit dem Putt-Putt, in den Kerker das Puttchen. Diese zwei Tage waren zweifellos genauso lang für sie wie für mich. Und wenn das Huhn dabei eingehen würde? Mich befiel ein düsteres Schuldgefühl. War ich nicht gerade dabei, dieses Huhn einer Misshandlung zu unterziehen? Eine Stimme predigte in meinem Inneren: „Hast du denn gar kein Mitleid?" Ich hielt mich gut und biss die Zähne zusammen; Dickmadam hielt sich gut – und den Schnabel. Ich befreite sie nach Ablauf der 48 Stunden. Sie zupfte ihr Gefieder

zurecht, schüttelte sich, fraß ein paar Körner und rannte zu ihrem Nest. Um zu brüten.

DIE LÖSUNG: NACHGEBEN

Mein Gemüsegärtner kauft in solchen Fällen ein Eintagsküken bei einer Geflügelausstellung oder einem befreundeten Bauern und schiebt es nachts dem brütigen Huhn unter. Am Morgen hat die hingerissene Brüterin ihr Küken und schließt endlich Frieden mit jedermann. Das ist eine gute Lösung. Es muss nur die Jahreszeit für Küken sein und man braucht die Gelegenheit in der Nähe, wo man solche Küken finden kann. Ich gab Dickmadam Bruteier zum Ausbrüten. Denn Bruteier ausfindig zu machen, ist nicht schwierig: in Kleinanzeigen, im Internet … Es gelingt einem immer, einen sympathischen Hobbyhühnerhalter zu finden, der gegen geringes Entgelt bereit ist, Ihnen eine Handvoll Eier per Post zu schicken. Auch wenn man es sich nicht vorstellen kann, der Versand von Eiern funktioniert sehr gut, sofern sie nach allen Regeln der Kunst verpackt sind. Ein Ei ist viel robuster als man denkt. In ihrer Eierschachtel, einzeln gut in zerknülltes Zeitungspapier verpackt, mit Stroh und Luftpolsterfolie, besteht nur ein geringes Risiko, dass sie zerbrechen. Die Züchter sind diese Art des Versands gewöhnt und es sind nur wenige Omeletts zu beklagen. Die Briefträger können sich nicht vorstellen, wie viele Eier in den Briefkästen unterwegs sind! Ich fand meine eines schönen Morgens gut eingepackt, als ich die Post holen ging. Nach einer solchen Reise muss man sie 24 Stunden ruhen lassen, bevor man sie dem Huhn unterschiebt, einfach nur, damit sie wieder zur Besinnung kommen, die Eierchen. Offensichtlich hatte mein Lebensgefährte dies vergessen und – äußerst zufrieden mit der Aussicht, Dickmadam wunschlos glücklich zu machen – ihr eilig die Eier untergeschoben (Ergebnis: nur ein geschlüpftes Küken). Nun galt es, 21 Tage zu warten, und das eigensinnige Huhn würde schließlich sein Küken haben.

Wer auch immer behauptet, dass der Esel das sturste Tier ist, der hat mit Sicherheit niemals Hühner gehalten.

GUT ZU WISSEN

- In einem Ei entwickelt sich ein Küken nur, wenn es von einem Hahn befruchtet wurde.
- Eine Henne braucht keinen Hahn, um Eier zu legen.
- Eine Henne braucht keinen Hahn, um zu brüten.
- Eine brütige Henne ist ein hartnäckiges Tier.
- Es ist nicht bekannt, warum eine bestimmte Henne zu brüten anfängt und eine andere nicht. Das sind Hühnergeschichten, die sich uns entziehen.
- Man sollte eine brütende Henne jeden Tag sanft aus ihrem Nest zerren, trotz ihres Protests, damit sie etwas trinkt, ihre Notdurft verrichtet und ein paar Körner aufpickt. Manche Hühner sind so verbissen bei der Sache, dass sie vergessen, sich zu stärken.
- Eine brütende Henne hält ihre Eier auf einer Temperatur von etwa 38 °C. Sie wendet sie vorsichtig mit dem Schnabel mehrmals am Tag, um die gesamte Oberfläche zu erwärmen.
- Das Beste, was man mit einer brütigen Henne tun kann, ist, ihr ein Küken zu beschaffen!

Schnell, schnell, das Huhn eilt in sein Nest zurück!

DAS EINE ERFOLGSERLEBNIS

Es gibt immer die eine Ausnahme, die die Regel bestätigt. Ich hatte im Juli zwei brütige Hennen und wollte mich einen Monat in den Urlaub verabschieden. Der Bauer in der Gegend hatte zugesagt, mein geschwätziges Federvieh einige Wochen lang auf seinem Hof mit seinem anderen Geflügel zu beaufsichtigen. Dieses erzwungene Sommercamp, mit zahlreichen Hähnen, Gänsen und Enten, hat Dickmadam auf der Stelle von ihrer Brütigkeit kuriert. Die Veränderung ihrer Gewohnheiten war diesmal wohl doch zu radikal.

... UND WEITERE KÜKEN, DIE FOLGEN

PIEP, DAS KÜKEN

„Kleine Küken können entzücken."

P*iep, piep.* Der zarte Ruf ist sehr schwach. Diesen Morgen sind es 21 Tage, dass Dickmadam auf den Eiern sitzt. Sie plustert ihr Gefieder, erhebt sich kurz, um sich dann vorsichtig wieder niederzulassen. Ist in der Nacht vielleicht ein Küken geschlüpft? Oder piepst es im Ei vor dem Schlüpfen und verständigt sich schon mit seiner Mutter? Mit der allergrößten Vorsicht der Welt hebe ich Dickmadam, die an diesem Morgen gut gelaunt ist, ein ganz kleines bisschen hoch. Und tatsächlich, eine kleine runde Kugel wirft mir aus pechschwarzen Augen einen Blick zu, bevor sie sich wieder in das mütterliche Gefieder hineindrückt. Piep, das erste Küken des Hühnerstalls, hat das Licht der Welt erblickt. Ich nehme die leere Eierschale mit und werfe einen Blick auf die anderen Eier. Nichts. Es sieht nicht so aus, als ob da etwas schlüpfen will. Es sind meine ersten Bruteier und ich habe nicht gewusst, wie man sie durchleuchtet, um die befruchteten Eier zu erkennen.

Manche durchleuchten (schieren) ihre Eier mit einer sehr starken Lampe. Am besten nimmt man jedoch die eigens dafür vorgesehene „Schierlampe“. Die Eier müssen fünf bis sieben Tage bebrütet worden sein, bevor man hoffen kann, etwas zu sehen. Wenn das Ei befruchtet ist, haben sich im Inneren kleine rote Adern entwickelt. Wenn nichts zu sehen ist, heißt das, das Ei ist nicht befruchtet: Man muss es wegwerfen (und vor allem nicht essen!). Nach 14 Tagen sollte man noch einmal schieren, um abgestorbene Embryos zu erkennen.

GLUCKE IM GLÜCK

Dickmadam scheint sehr zufrieden mit ihrem ersten Küken zu sein. Sie stößt an es adressierte zarte Gluckser aus. Zwei Tage später hat dieses einzige Küken immer noch keine Brüder und Schwestern. Die anderen Eier waren vielleicht nicht befruchtet und es steht außer Frage, dass ich sie öffne, um festzustellen, warum sie nicht geschlüpft sind! Das letzte Mal, als ich ein abgestorbenes Ei geöffnet habe, war ich in der vierten Klasse in einem Biologiekurs, bei dem wir sehen sollten, wie ein totes Kükenembryo aussieht. Der Gestank und der Anblick des toten Kükens haben der ganzen Klasse ganze drei Monate lang die Lust auf Omeletts verdorben und uns alle würgen lassen. Also nein danke! Diese schlecht gewordenen Eierchen wandern ohne jegliche Untersuchung direkt in die Mülltonne. Werfen Sie Eier, aus denen noch kein Küken geschlüpft ist, obwohl es befruchtet ist, aber nicht zu früh weg, die Letztgeborenen des Geleges können bis zu zwei Tage nach den Erstgeborenen (vom 19. bis 23. Tag) schlüpfen. In der Regel schlüpfen die Küken jedoch alle gleichzeitig.
Die ersten zwei Tage bleibt das Küken unter seiner Mutter, schön im Warmen und Trockenen. Manche sagen, dass es weder fressen noch trinken muss. Man kann jedoch der Henne ein kleines, ganz flaches Wasserschälchen auf die Bodenbretter stellen – nicht, dass das Küken noch darin ertrinkt. Sie wird zufrieden sein, den Durst stillen zu können, und wenn das Küken Durst hat, kann es ebenfalls trinken. Ich stelle der kleinen Familie

auch ein Schälchen mit speziellem Kükenfutter hin. Sie werden daraus fressen, wenn sie Lust haben.
Je nach Persönlichkeit der Glucke wird sie es mehr oder weniger eilig haben, ihr Küken auf einen Spaziergang mitzunehmen. Wenn das Wetter schlecht ist, ist es besser, dass sie die ersten Tage nicht rausgehen, denn das Küken wird schnell krank. So robust ein erwachsenes Huhn ist, so sehr lässt ein junges Küken keine Gelegenheit aus, zu sterben. Selbst wenn es auf andere Weise ziemlich widerstandsfähig ist – wenn man so beobachtet, was die Henne es alles aushalten lässt: langes Marschieren, das Risiko von seiner Mutter erdrückt zu werden usw. Es gilt auch aufzupassen,

HENNEN UND HÄHNE ABGEBEN

Es ist wunderschön, Küken zu haben. Aber was tun, wenn sie ausgewachsen sind? Schwierig, auf sie alle aufzupassen.
Junghennen sind in der Regel ziemlich leicht unterzubringen. Es gelingt immer, für sie entweder über Mundpropaganda oder durch Verkauf über Kleinanzeigen einen Anwärter zu finden. Mit den jungen Hähnen ist es schon heikler. Diese kleinen Wonneproppen interessieren niemanden wirklich, denn jeder weiß, dass sie früh und viel krähen und die gesamte Nachbarschaft verärgern können. Außerdem kann man pro Hühnerherde maximal einen Hahn halten – wegen ihrem Konkurrenzdenken. Das Problem ist, dass das Geschlechterverhältnis bei den Hühnern ausgeglichen ist: Es schlüpfen fast genauso viele Hähne wie Hennen. So gilt es, etliche junge Hähne unterzubringen.
Am einfachsten, wirtschaftlichsten und logischsten ist es, die jungen Hähne zu separieren und sie als Hähnchen zum Verzehr aufzuziehen. Das ist der Grund, warum sie seit Anbeginn der Zeit gehalten werden. Und wenn man sie nicht selbst schlachten kann, kann man diesen Gefallen von einem weniger sentimentalen Bekannten erbitten.

Gut und schön, aber ... in einer kleinen familiären Hühnerhaltung werden Sie dann Hugo essen, das Hähnchen, das die Kinder seit seiner Kükenzeit hätscheln! Das ist nicht unbedingt selbstverständlich. Ich persönlich kann das nicht. Vielleicht ist es schändliche Gefühlsduselei, aber so ist es nun einmal. Daher wird es ein richtiges Abenteuer, Hugo abzugeben.
Seine beste Chance ist, ein wunderschönes Hähnchen, ein zukünftiger schöner Hahn einer sehr schönen Rasse zu sein. So hat er gute Aussichten, einen Hühnerhalter zu finden, der ihn als Zuchthahn nimmt. Das ist die Ideallösung. Hugo kann auch an einen Bauern in der Gegend abgegeben werden oder auch über das Internet oder per Kleinanzeige. Mein Lebensgefährte nennt das, „die Hähnchen der Hähnchengestapo auszuliefern". Denn die Chancen für das Hähnchen, als Braten zu enden, sind hoch. Leider muss man akzeptieren, dass man die Zukunft eines Hähnchens, das man abgibt, nicht kontrollieren kann. Sein Schicksal zählt zu den gefährlichsten. Und wenn man diese Vorstellung nicht ertragen kann, ist es besser, keine Küken schlüpfen zu lassen. Denn Liebhaber von Hähnen als Haustiere sind selten.

Eintagsküken eines Marans-Huhns.

dass der Auslauf, in den die Henne das Küken zum Spaziergang mitnimmt, nicht zu stark mit Gras bewachsen ist. Für ein Küken ist es schwierig, sich in hohem Gras oder auch in einem Nest aus Stroh fortzubewegen, weil es sich verheddert. Nach dem Schlüpfen der Küken wäre ein trockener, mit Zeitungspapier ausgelegter oder aus gestampfter Erde bestehender Untergrund (der regelmäßig ausgewechselt und gereinigt wird) perfekt, damit die Küken sich mit ihren kleinen Füßchen ungehindert fortbewegen können. Achten Sie also darauf, dass sich das Küken leichtfüßig im Nest der Henne bewegen kann, damit es unter seiner Mutter hervorkommen und wieder dorthin zurückkehren kann.

Das Hühnerküken ist ein Nestflüchter. Es kommt mit Flaum auf die Welt und es ist in der Lage, nach wenigen Stunden zu laufen und zu sehen. Beim Schlüpfen ist der Flaum des Kükens ganz feucht, aber unter seiner Mutter trocknet er sehr schnell ab.

Kleine Küken verbringen die meiste Zeit unter ihrer Mutter, aber ihre Neugier lässt sie regelmäßig unter deren Federn hervorkommen.

Küken lieben es, auf den Rücken ihrer Mutter zu klettern, auf ihrem Flügel Schlittschuh zu laufen oder sie an den Kehllappen zu ziehen.

Wenn man keine Erfahrung hat, sollte man ganz junge Küken nicht anfassen. Sie sind sehr zart. Und man sollte keine Kinder an sie heranlassen. Lieber lässt man sie einfach in Ruhe. Die Henne lässt die Küken aufgrund des Geruchs des Menschen nicht im Stich wie Säugetiere es tun, aber sie wird überhaupt nicht gern gestört.

Ein Küken kann ohne Wärme nicht leben. Sofern man keinen gut (auf 37,5 °C beim Schlüpfen) eingestellten Brutapparat und später kein temperiertes Kükenheim hat, ist es am einfachsten, die Henne ihre Küken aufziehen zu lassen. Auf diese Weise ist die Henne am glücklichsten und ebenso die Küken. Zwar wird ein erfahrener Züchter weniger Verluste mit seinem Brutapparat haben als der Hobbyzüchter, der auf die Glucke setzt. Hierfür muss man jedoch lernen, einen Brüter zu benutzen, was etwas Erfahrung erfordert.

TOD EINES KÜKENS UND ADOPTION

Mit einem Küken der Orpington-Rasse ist mir etwas Kurioses passiert. Dickmadam (immer noch sie) hatte in einem äußerst trockenen Frühjahr acht wunderschöne Orpington-Eier bebrütet. Diese Trockenheit hat Probleme beim Schlüpfen verursacht. Hühnerhalter, die die Eier im Brutapparat schlüpfen lassen, wissen, wie wichtig die Luftfeuchtigkeit ist. Am Tag des Schlüpfens war ich nicht zu Hause und mein Lebensgefährte war der Meinung, alles würde gut laufen, weil er die Küken piepsen hörte. Leider piepsten die Küken gut, aber sie sind alle in ihrer durch die Trockenheit verhärteten Eihaut erstickt. Ich habe die Katastrophe erst am nächsten Morgen bei meiner Rückkehr entdeckt. Tote Küken, eingedrückte Eier ... es war schrecklich.
Aber ein Küken lebte noch, es kämpfte verzweifelt in seiner trockenen Schale um sein Leben. Obwohl es in der Geflügelzucht tabu ist (weil zu riskant und weil die so zur Welt gekommenen Tiere nicht lebensfähig sind), habe ich dem Küken vorsichtig aus seiner Schale geholfen. Es hat mich zu sehr geschmerzt. Auf diese Weise kam Mister Pingtonauf die Welt. Aber nach einer derart katastrophalen Geburt war er ziemlich kränklich und brauchte drei Tage, bis er unter seiner Mutter hervorkroch (was zu lange und ein Zeichen für Schwäche ist). Schließlich starb er zwei Wochen später. Der Züchter, den ich anrief, erklärte mir, dass er zweifellos aufgrund des Schlüpfens zu geschwächt war und bestätigte, dass es in der Regel nichts nützt, einem Küken in Schwierigkeiten beim Schlüpfen zu helfen. Dieser sympathische Züchter bot mir angesichts meiner Enttäuschung ein anderes Küken an. Ich nahm sein Angebot an.
Dickmadam schmollte ganz offensichtlich und hatte sich in eine Ecke des Gartens verkrochen, von wo aus sie vergeblich versuchte, die jungen Hühner der zweiten Henne zu sich zu rufen. Daher ging ich also mein Austauschküken holen.
Aber anstatt mit einem Küken kam ich schließlich mit zwei zwei Monate alten Junghühnern zurück. Obwohl schon pummelig, haben diese Kleinen noch gepiepst. Also habe ich am Abend ein Experiment veranstaltet. Ich habe die zwei im Halbschlaf befindlichen jungen Hühnchen gegen Dickmadam gelehnt, die offensichtlich Mister Pington endgültig abgeschrieben hatte, aber noch im Nest schlief. Und oh Wunder! Diese alte, unter allen Hühnern am meisten verhasste Furie, öffnete zwei große und freudige Augen, ohne mit der Feder zu zucken. Die kleinen Orpington, sanft und müde, schliefen ohne viel Federlesens gegen sie gelehnt ein. Am nächsten Tag ließ Dickmadam ihre Adoptivtöchter nicht aus ihren Federn. Letztere, die im Brutapparat aufgewachsen waren und niemals eine Mutter hatten, waren zunächst etwas misstrauisch ob der vielen Liebesbezeugungen. Aber zwei Tage später beruhte die Freude über die Adoption vollkommen auf Gegenseitigkeit und am Abend fand ich die zwei dicken Orpington schön im Warmen unter den Flügeln einer glückseligen Dickmadam verkrochen. Die Liebesgeschichte hielt einige Wochen an, danach entwöhnte Dickmadam sie. Ein Tier, das in der Lage ist, eine so schöne Adoption zu bewerkstelligen, verdient wirklich Respekt!

HENNE ODER HAHN?

Gleich nach dem Schlüpfen des winzigen Kükens stellt sich die Frage: Männlein oder Weiblein? Die Geschlechtsbestimmung der Küken anhand der Kloake, Sexen genannt, ist Sache von Profis und wird vor allem bei der Zucht von Hybriden für die Fleisch- und Eierindustrie gemacht. Der Amateur benutzt diese Methode eigentlich nie, es ist einfach zu kompliziert. Und ich rate jedem davon ab, mit den kleinen Küken zu hantieren, nur um zu versuchen, das Geschlecht zu bestimmen. Schließlich ist das nicht so wichtig. Wenn die Küken außerdem von ihrer Mutter aufgezogen werden, wird sie dieses Prozedere kaum gutheißen. Häufig muss man einige Wochen warten, um männliche und weibliche Küken unterscheiden zu können. Erstere haben häufig einen etwas ausgeprägteren Kamm als die jungen Fräulein, und das recht früh. Mit etwas Erfahrung und Beobachtung lernt der Hobbyzüchter dann aber schnell, die kleinen Hähne zu erkennen.

Bei manchen Rassen schlüpfen kennfarbige Küken, wie bei den Bielefelder Kennhühnern. Man kann sie gleich nach dem Schlüpfen nach Geschlecht sortieren, ohne sie zu berühren, denn die Weibchen haben eine unterschiedliche Daunenzeichnung als die kleinen Hähne. Am besten ist, Sie lassen sich die Merkmale genau von einem Züchter beschreiben.

WENN DIE GLUCKE IHRE KÜKEN ABWEIST

Dickmadam hatte acht Wochen lang nur Augen für Piep. Sie war fürsorglich, mit aufgeplustertem Gefieder, glucksend und das Küken rufend, sobald sie einen Wurm gefunden hatte. Sie bot ihm einen sicheren und warmen Zufluchtsort zwischen ihren Federn an, damit es sich ausruhen konnte, wobei sie früher schlafen ging als sonst, damit ihr Küken einen langen Nachtschlaf hatte. Und sie, ein wütender Federhaufen, zögerte nicht, alles und jeden – Menschen wie Hühner – die ihr als

Bedrohung ihres Kükens erschienen, anzugreifen.
Dann eines Tages beschloss sie, das Küken zu entwöhnen. Hennen sind sehr gute Mütter, aber sie entwöhnen ihre Küken ohne mit der Wimper zu zucken (nach ein bis drei Monaten Aufzucht, je nach Rasse und Henne). Wenn sie einmal beschlossen haben, dass jetzt Schluss ist, dann ist Schluss. Sie entwöhnen sie, indem sie sich nicht mehr für sie interessieren, ihre schützende und brütige Haltung nachlässt und sie nicht mehr glucksen. Wenn die Küken zu hartnäckig sind, können sie ihnen durchaus ein paar Schnabelhiebe versetzen, damit sie sich trollen. Den jungen Hühnern bekommt diese Entwöhnung häufig schlecht, sie piepen, was das Zeug hält, und sehen hilflos, verlassen und unglücklich aus. Abends schlafen sie zusammen, eng aneinandergedrückt, um sich warm zu halten und zweifellos um sich sicher zu fühlen. In einem Hühnerstall stehen entwöhnte Junghühner, die den mütterlichen Schutz verloren haben, nicht sehr hoch in der Hierarchie. Wenn nicht ausreichend Platz vorhanden ist, können sie Schwierigkeiten beim Fressen bekommen. Aus diesem Grund unterteilen Züchter das Geflügel in Altersgruppen und beherbergen hier die Küken, dort die Junghühner und wieder woanders die erwachsenen Hühner.

EIN ZAHMER HAHN …

… UND ANDERE NACHBARSCHAFTS-PROBLEME

„Was ist denn, mein Hahn? Ja, was hat er denn …?“

Piep war unser erstes Küken. Keine Chance: Es war ein Hahn. Dieser einzige Nachkomme (siehe Seite 90) gehörte zur Rasse der weizenfarbigen Marans. Als Küken eine misstrauische Kratzbürste, fasste er Zutrauen zu mir, als er entwöhnt wurde. Dickmadam hatte ihm zu verstehen gegeben, dass er zu groß war, um an ihrem Rockzipfel zu hängen, und die zweite Henne, Madämchen, hegte ihm gegenüber von klein auf eine große Abneigung. Sie unterließ es niemals, ihn mit Schnabelhieben zu malträtieren, sobald sie ihn in die Enge getrieben hatte. Dem armen Piep ging es daher ziemlich mies und zwar so sehr, dass ich ihm ein separates Gehege bauen musste.
Kleine Hähne sind häufig größere Jammerlappen und Angsthasen als junge Hennen. Aber im Erwachsenenalter machen sie das wieder gut.

DER SCHRECKEN DER NACHBARSCHAFT

Nach einigen Monaten begann Piep damit, seine Stimme zu üben, wobei er einige kieksende Tonleitern von sich gab, wie ein Teenager im Stimmbruch. Junghühner und Junghähne sind während dieser ganzen Stimmbruchperiode sehr zu bedauern, wobei sie vom netten *Piep-Piep* zu nichtswürdigen Lauten übergehen, die das zukünftige Gegacker erahnen lassen. Wir wussten noch nicht, dass diese gelegentlichen falschen Noten Vorboten einer Karriere als stürmischer Sänger waren. Piep entwickelte sich zu einem wunderschönen Hahn, mit rot und golden glänzendem Gefieder. Nur leider hätte er auch die Rolle des verrückten Hahns in einem Cartoon spielen können. Denn dieses Vieh krähte ununterbrochen. Und zwar ein *Kikeriki* alle 30 Sekunden. Ein Wüterich. Mir ist noch nie zuvor ein so derart laut trompetender Hahn wie er begegnet. Atempausen waren eine Seltenheit.

Seine ersten wirklichen *Kikerikis* weckten mich um 5 Uhr morgens auf und das war wirklich das einzige Mal in meinem Leben, dass ich kurz davor stand, einem Huhn den Hals umzudrehen. Im Schlafanzug tapste ich zu Piep, um ihn in einen durchlöcherten Karton in der Garage einzusperren, in der Hoffnung, dass die Nachbarn diesen unpassenden Weckruf nicht miterleiden würden. Piep gewöhnte sich daran, dass ich abends zu ihm kam und ihn zu seinem relativ luxuriösen Karton so weit entfernt von menschlichen Ohren wie nur möglich zum Schlafen brachte. Diese Vorzugsbehandlung diente nicht dazu, ihn durcheinanderzubringen, denn wenn ich etwas spät dran war zur Schlafenszeit, erwartete er mich an der Haustür, anstatt woanders schlafen zu gehen. Man muss wissen, dass ein Hahn, damit er zu krähen aufhört, in völliger Dunkelheit sein muss. Das geringste Licht (Vollmond, Stehleuchte …) lässt ihn wie auf Knopfdruck loskrakeelen.

Aber wenn die Nacht um war, musste er gegen 8 Uhr morgens freigelassen werden. Und nun hub ein *Kikeriki*-Konzert vom Feinsten an, in Anwesenheit von eher hochnäsigen denn verführten Hennen. Dieser Hahn liebte es übrigens mehr als alles andere, gekrault zu werden. Schlau wie er war, lag er dösend auf den Knien, und erwachte nur, um ein donnerndes *Kikeriki* auszustoßen, das einem auf diese kurze Entfernung fast das Trommelfell platzen ließ.

EIN HAHN IM HÜHNERSTALL

Die Paarung geht sehr schnell vonstatten.

Hähne verbringen den größten Teil ihres Lebens damit, den Hennen den Hof zu machen. Sie rufen ständig nach ihnen, sobald sie Futter finden, lassen den Damen beim Fressen den Vortritt, erweisen ihnen viele Höflichkeiten und krähen ihnen wunderschöne *Kikerikis* vor. Abends schlafen sie in ihrer Nähe. Der Paarungsakt, bei dem der Hahn die Henne „tritt", geht schnell vonstatten. Manchmal führt dies zu Diskussionen zwischen ihnen, wenn Madame nicht einverstanden und Monsieur zu aufdringlich ist. Dann sind Geschrei und fliegende Federn zu beklagen. Aber in der Regel duckt sich die Henne und der Hahn besteigt sie. Nachdem das erledigt ist, zupft jeder sein Gefieder zurecht und nimmt wieder seine Tätigkeit auf, so als ob nichts geschehen wäre.
Im Gegensatz zu Erpeln, die bekannt dafür sind, kleine Entchen zu töten, sind Hähne häufig die Beschützer der Küken und rufen die Kleinen und deren Mutter herbei, wenn sie etwas Gutes zum Fressen gefunden haben. Der Schutz der Hühnerherde ist die wahre Aufgabe des Hahns. Er ist es, der Alarm schlägt, wenn Gefahr droht; er ist es auch, der Raubwild die Stirn bietet. Manche Hähne zögern auch nicht, nach Menschen zu picken, um ihre Hennen besser zu schützen. Dem Image des eitlen Machos, das ihnen häufig anhaftet, zum Trotz sind Hähne wesentlich sympathischer, als man glaubt.
Für Hähne sieht man besser mehrere Hennen vor: drei bis sechs Hennen bei den schweren Rassen, bis zu zehn Hennen bei den Zwerghühnern, im Wissen, dass der Hahn seine Lieblinge haben wird. Vorzugsweise sollte man nur einen Hahn halten, um Hahnenkämpfe zu vermeiden. Zwei von klein auf miteinander aufgewachsene Hähne verstehen sich – je nach Rasse – jedoch oft sehr gut, wobei zugegebenermaßen der eine der Chef ist und der zweite sein Untergebener. In einem sehr weitläufigen Gehege mit zahlreichen Hennen können mehrere Hähne zusammenleben, aber es wird häufig Provokationen, Streitereien und lautes *Kikeriki* geben, um daran zu erinnern, wer der Chef ist.

Marans-Hahn, der Futter gefunden hat und seine Hennen ruft, um es ihnen anzubieten.

Hinter seiner gelassenen Fassade ist Piep ein gefürchteter Kräher.

Dieses Theater dauerte etwa ein Jahr. Zur allgemeinen Überraschung liebten die Nachbarn Piep und sprachen voller Zuneigung von ihm. Nach und nach war er eine Attraktion in der Gegend geworden. Jeder kannte seinen Namen. Eine der Nachbarinnen war überzeugt davon, dass er hörte, wie sie ihre Fenster öffnete, und krähte, um ihr Guten Morgen zu sagen. Ein anderer Nachbar freute sich, ihn zu hören, wenn er sich die Zähne putzte.

Nur leider erfuhr ich, dass eine andere Nachbarin nachts arbeitete. Man musste zugeben, dass sie mit Piep als Nachbar tagsüber nicht hätte schlafen können. Ich schlug daher vor, den Hahn wegzugeben, und sie war von ganzem Herzen einverstanden. Aber die anderen Nachbarn waren wütend! Sie drohten, eine Petition einzureichen – damit der Hahn blieb! Trotz allem ging Piep an einen sympathischen Bauernhof, wo er eine sehr schöne Karriere machte und jedermann das Ohr abkrähte, bevor er eines Tages jäh auf einem Heuhaufen unter den entsetzten Augen einer Passantin mit einem letzten *Kikeriki* auf dem Schnabel starb.

Es gibt unzählige Geschichten über zahme Hähne. Wenn sie größer werden, sind Hähne weitaus weniger furchtsam als Hennen und können schnell zutraulich werden. Mit ihrem

RASSEN MIT WENIGER AGGRESSIVEN UND WENIGER GROSSMÄULIGEN HÄHNEN

Der Orpington-Hahn hat den Ruf, sehr ruhig, sanft und nicht streitsüchtig zu sein. Mit seiner tiefen Stimme behelligt er die Nachbarschaft wesentlich weniger als ein kleiner Hahn mit schrillem Krakeelen. Das enervierende Gekreische von Zwerghähnen ist viel nervtötender als ein tiefes und sonores *Kikeriki*. Der Brahma-Hahn hat ebenfalls eine tiefe Stimme und kräht nicht zu viel. Der Deutsche Lachshuhn-Hahn ist ebenfalls für eine schöne Stimme bekannt. Der Vorteil von Hähnen, die mit tiefer Stimme krähen, besteht darin, dass sie nicht sehr weit trägt.
Wie beim Menschen gibt es bei den einzelnen Rassen großmäulige und ruhigere Nachkommen. Darüber hinaus haben manche Hähne einen sehr klaren Ruf, bei anderen wiederum ist ihre Stimme ein schweres Verbrechen.

prächtigen Gefieder in schimmernden Farben, ihrem wunderschönen roten Kamm und ihrem langen Schwanz sind sie die Stars im Hühnerstall.

IHREM NACHBARN DAS LEBEN SCHWER MACHEN

Wer sich schon von vornherein mit seinem Nachbarn nicht grün ist, sollte sich nicht unbedingt einen Hahn der Antwerpener Bartzwerge anschaffen. Klein in der Statur, aber große Klappe! Dieser Vielkräher bringt recht schrille Töne hervor, weshalb man bei den ausdauerndsten von ihnen schon mal vor Wut ausrasten kann. In die Sparte Nervensägen fallen auch die Hähne der japanischen Rassen Koeyoshi und Totenko, die es beim Krähen auf 20 Sekunden Länge bringen. Sie sind sehr selten. Bergische Kräher sind auch nicht ohne. In Belgien gibt es Krähwettbewerbe, bei denen der Hahn prämiert wird, der am meisten schreit. Diese verrückten Schreihälse stammen dann aber aus verschiedenen Rassen.
Je mehr Hähne beisammen sind, umso mehr stacheln sie sich gegenseitig an. Nehmen Sie mindestens zwei Hähne, wenn Sie wollen, dass alles vor die Hunde geht. Sogar die Justiz muss sich ab und zu mit Nachbarschaftsstreitigkeiten wegen Hähnen auseinandersetzen, sie entscheidet mal zugunsten der einen, mal zugunsten der anderen Seite. In ländlichen Gegenden bekommt

man eher Recht, einen krakeelenden Hahn zu halten. Eine Grundregel lässt sich aber nicht ableiten.

ANDERE GRÜNDE, UM STREIT ZU SUCHEN

Auch wenn das Krähen des Hahns Streitpunkt Nummer eins zwischen Geflügelbesitzern und dem Rest der Welt bleibt, können auch andere Steine des Anstoßes ins Rollen kommen. Zunächst einmal ein schlecht geputzter Hühnerstall, der nach altem Kot stinkt und dessen übler Gestank dem schlecht gelaunten Nachbarn in die Nase steigt. Wenn Ihnen das passiert, müssen Sie sich schon selbst an die Nase fassen. Etwas mehr Sauberkeit, wenn ich bitten darf! Ein müffelnder Stall ist sehr schlecht für die Hühner und eine Quelle für Krankheiten. Und welches Image verschaffen Sie damit den Hühnern!
Der Hund Ihres Nachbarn, der streunt und sich Ihre Hühner schnappt, ist ein weiteres verhasstes Thema. Hier liegt es am Nachbarn, guten Willen und Aufrichtigkeit zu zeigen und entsprechende Maßnahmen zu treffen. Für einen ordentlichen Streit am Zaun reicht es übrigens schon, wenn ein Huhn ein hinterhältiges Vergnügen daran hat, systematisch zum Nachbarn abzuhauen und bei der Gelegenheit auf seine Terrasse zu kacken.

PUTTCHEN IST IN DER MAUSER

WIE KANN MAN HELFEN?

„Hat das Huhn bald keine Federn mehr, bleibt der Eierbecher leer."

Puttchen hat zuerst die Schwanzfedern verloren. Jetzt ist es am Hals federlos. Keine Panik. Die Mauser ist ein völlig natürliches Phänomen bei Hühnern, das etwas mehr als einen Monat andauert. Einmal im Jahr erneuern sie ihr Gefieder. Die alten Federn fallen aus und werden durch neue ersetzt. Manchmal legt das Huhn dann mehrere Tage beziehungsweise Wochen eine Legepause ein. Manche Hühner legen weiterhin, aber eher sporadisch. Das Legen erfordert viel Energie; zu dieser Jahreszeit konzentriert das Huhn seine Kräfte auf die Erneuerung seines Gefieders. Die Mauser geht häufig, aber nicht immer, allmählich vonstatten, dass man sie manchmal kaum bemerkt. Aber die auf dem Boden des Hühnerstalls verstreuten Federn zeigen an, dass sie begonnen hat. Idealerweise mausern sich Hühner im August, während der schönen Tage, wenn keine Kälte zu befürchten ist. Sie haben dann ein schönes neues Gefieder, um den Winter zu überstehen.

EIN SPEKTAKULÄRER VORGANG

Bei manchen Hühnern ist alles anders. So hat sich Dickmadam zwei Jahre in Folge mitten im Monat Oktober gemausert. Noch dazu fiel bei diesem Huhn die Mauser brutal aus, weil sie alle Federn verlor und aussah wie ein gerupftes Huhn. Manche Stellen ihres Körpers waren ganz rosa, nur der Ansatz der neuen Federn war zu sehen. Sie war nicht stolz darauf und ihr war kalt. Ich habe wirklich geglaubt, dass sie sterben würde. Aber nicht Dickmadam, sie ist hart im Nehmen. Sie hat ihr ganzes Gefieder erneuert. Sich in der falschen Jahreszeit zu mausern, ist eine ziemlich schlechte Idee. Dies geschieht bei jungen Hühnern selten, aber bei etwas älteren Hühnern (ab drei Jahren) tritt dieses Problem regelmäßig auf. Wenn ein Huhn nochmal außerhalb der Mauserphase kahl werden würde, würde ich es an einen trockenen, vor Kälte und Feuchtigkeit geschützten Ort bringen. Natürlich mausern sich auch die Hähne und sie sehen ohne ihren schönen Schwanz recht bemitleidenswert aus. Einjährige Junghühner, die ein ganz neues Gefieder haben, mausern sich nicht. Sie sind im Folgejahr dran. Wenn ein Huhn außerhalb der Mauser kahl wird, ist das nicht normal und kann ein Zeichen für eine Erkrankung oder ein sehr großes Stressproblem sein. Dann muss es gründlich untersucht werden, um herauszufinden, was los ist.

DAS GEFIEDER EINES HUHNS

Da das Huhn ein Vogel ist, besitzt es auch alle klassischen Federn der Vögel: kleine Flügeldeckfedern, große Flügeldeckfedern, Handschwingen und Armschwingen, Steuerfedern am Schwanz ... Die Feder besteht aus einem Schaft, an dem sich der weiche Teil, die Fahne, entwickelt. Unter den Federn tragen die Hühner ein warmes und isolierendes Daunenkleid. Eigentlich erlaubt das Gefieder den Vögeln zu fliegen, aber auf die Hühner trifft das nur bedingt zu: Sie fliegen kurze Strecken und sporadisch, um sich zum Nachbarn zu flüchten.
Die Gefiederfarben der unterschiedlichen Hühnerrassen sind äußerst vielfältig: rotbraun, weiß-schwarzcolumbia, gescheckt, gesperbert, gold-schwarz-gesäumt, gold-lachsfarben, gelbbraun, weizenfarbig, perlgrau usw.

STRUPPHÜHNER & CO.

Es gibt Hühnervarietäten mit Struppfedern, genau wie bei den Tauben. Es finden sich Chabo, Zwerg-Cochin oder Annaberger Haubenstrupphühner mit Struppfedern. Manche Hühner wie die Orpington besitzen ein sogenanntes flaumiges Gefieder. Es ist nicht glatt und etwas hart, sondern sehr weich und duftig. Es sieht aus wie Zuckerwatte. Was das Seidenhuhn betrifft, so könnte man meinen, dass es einen Pelz hat. Seine Federn sehen fast wie ein Fell aus.
Manche Hühner haben auch gefiederte Füße (Brahma, Federfüßige Zwerghühner, Zwerg-Cochin ...). Wieder andere tragen Hauben auf dem Kopf (Holländer Haubenhühner, Paduaner ...).

EINE HEIKLE PHASE

Während der Mauser sind Hühner empfindlicher als sonst. Man muss sie mehr umsorgen und verwöhnen. Man sollte ihnen unbedingt gutes Futter anbieten (siehe Seite 41). Grünzeug ist noch wichtiger als sonst und ein bisschen Kohl ist sehr willkommen. Ist die Ernährung nicht ausgewogen, neigt das Huhn dazu, Federn zu fressen, was manchmal zum Picken führt (siehe Seite 81). Man wird feststellen, dass das Huhn häufig müde ist, denn es hält viel öfter Siesta als gewöhnlich.
In der freien Natur mausern sich Wildvögel ebenfalls und auch für sie ist es manchmal eine heikle Zeit. Vor allem Enten können in diesem Zeitraum schlecht fliegen.

EIN WILDER HAHN MAUSERT SICH ZWEIMAL

Im Gegensatz zu Haushühnern geht der wildblütige Bankivahahn zweimal in die Mauser und trägt zwischendurch ein sogenanntes Schlichtkleid: Drei Monate lang haben die Hähne ein glanzloseres Gefieder mit einem kürzeren Schwanz. Dies ist ein Zeichen dafür, dass sie sich nicht in der Fortpflanzungsphase befinden. Die Farben gleichen sich denen der Hennen an. Nach einer erneuten Mauser nehmen sie wieder ihr schillerndes Aussehen an. Diese Besonderheit zeigen übrigens nur rein wildblütige Tiere. Sobald sich der Bankivahahn mit einem Haushuhn paart, verlieren seine Nachkommen das Schlichtkleid.

SCHÖNHEITSPFLEGE FÜR GLATTES GEFIEDER

Hühner verbringen viel Zeit damit, ihr Gefieder zu pflegen. Sie nehmen Staubbäder. Sie glätten auch ihre Federn. Das ist übrigens das Erste, was sie nach dem Aufwachen machen, nachdem sie sich lange gestreckt haben. Sie verteilen ein fetthaltiges Sekret über ihr Gefieder, das sich in einer Drüse an der Schwanzwurzel befindet. Als ich das erste Mal gesehen habe, wie Dickmadam in ihrem Gefieder herumzupfte und an dieser Drüse pickte, dachte ich, sie hätte eine abscheuliche, nässende Warze, die sie störte, und dass sie versuchte, sie wegzupicken.

Bürzeldrüse eines Huhns.

DER HÜHNERHOF IST ZUR WÜSTE MUTIERT

... UND ZU EINER KRATER-LANDSCHAFT

„Wo ein Huhn hintritt, da wächst kein Gras mehr.“

Welche Freude, die Hühner im zarten Gras ihres Auslaufs herumtollen zu sehen! Sie rennen herum, verfolgen ein Insekt, dösen im Schatten eines mit Efeu bewachsenen Mäuerchens. Ja schon, aber ... ein paar Wochen später ist nichts mehr übrig außer nackter Erde. Einige Monate später ist das Gelände mit Löchern übersät, als ob es bombardiert worden wäre. Es haben nur ein paar raue Pflanzen überlebt und eine tapfere Narzisse. Der Wind verweht einen leichten Staubschleier ... Der Rest ist ein „No Huhn's Land“. Was ist passiert?

HUDERKUHLEN & CO.

Diese Art ökologische Katastrophe tritt ein, wenn das den Hühnern zugedachte Revier zu klein ist. Nun muss man aber wissen, dass für Hühner ein Revier sehr schnell zu klein ist. Sie brauchen ungeheuer viel Platz, um eine Fläche nicht zu verwüsten. Denn mit ihren krallenbewehrten Füßen scharren, scharren und scharren sie erbarmungslos den lieben langen Tag. Durch das Scharren

graben sie kleine wirbellose Tierchen aus, nach denen sie so verrückt sind. Es ist ihre Art der Ernährung, ein tief verwurzelter Instinkt, und nichts kann sie davon abhalten. Sie rupfen das Gras aus, graben die Erde um und verwandeln das grüne Paradies in Ödland. Außerdem vergisst man es gelegentlich, aber Hühner fressen viel Grünzeug. Grünzeug ist eines ihrer Grundnahrungsmittel und davon fressen sie ungeheuer viel. In einem Auslauf wird diese schmale Kost schnell vertilgt.
Ist der Boden einmal umgegraben und das Gras verschlungen, gibt es nur noch nackte Erde. Als ob das nicht genügen würde, nehmen die Hühner dort zahlreiche Staubbäder (mindestens eines am Tag, außer bei Regen und schlammigem Boden). Sie wälzen sich auf dem Boden hin und her, bis sie schließlich diese charakteristischen Löcher gebuddelt haben, die man als Huderkuhlen

SCHLECHTE IDEE: DER VERSUCH, RASEN IN EINEM HÜHNERAUSLAUF ZU SÄEN

Es versteht sich von selbst, dass in einem Hühnerauslauf, egal wie groß er sein mag, es nur die Tollkühnsten wagen, Rasen frisch zu säen oder andere junge Pflänzchen zu setzen. Die frisch umgegrabene Erde zieht die Hühner unweigerlich an und nach drei Krallenhieben fliegt Ihre gesamte geduldige Arbeit durch die Luft. Bei jeder Neuanlage empfiehlt es sich daher dringend, die Hühner geraume Zeit einzuzäunen oder auszulagern.

GANZ SCHLECHTE IDEE: SEINE SCHLÜSSEL IM HÜHNERHOF VERLIEREN

Regelmäßig fällt der Schlüssel meines Hühnerstalls (durch den Wind?) in den Auslauf der Hühner. Soweit kein Problem. Sie denken, es genügt, sich zu bücken und den heruntergefallenen Schlüssel wieder aufzuheben? Falsch gedacht. Im Allgemeinen hat sich das Federvieh zwischen dem Moment, in dem der Schlüssel herunterfällt, und dem Moment, in dem ich es bemerke (höchstens einige Stunden später), akribisch darum gekümmert, den ganzen Boden unter der Tür seines Hühnerstalls aufzuscharren, und nichts Besseres gewusst, als den Schlüssel tief zu vergraben. Es kann Wochen dauern, ihn wiederzufinden! Bis zur Stunde suche ich meinen immer noch. Das Glück künftiger Archäologen ist nur den Hühnern zu verdanken ...

GUTE IDEE: EIN GELÄNDE MITHILFE DER HÜHNER URBAR MACHEN

Wenn man in einem Teil des Gartens einen Gemüsegarten anlegen möchte, ist es eine gute Idee, einige Wochen davor Hühner dort zu parken, die den Boden beackern und urbar machen. Sie verwandeln den Boden in nackte Erde und düngen sie noch etwas mit ihrem Kot. Anschließend wird es viel leichter sein, den Boden zu bearbeiten! Diese Methode ist bei Gärtnern und Landwirten gut bekannt. Der Einsatz eines Schweins ist ein weiteres Mittel, sich einer Vegetation zu entledigen: Es scharrt nicht, verbringt aber seine Zeit damit, den Boden mit seiner Schnauze umzugraben, was auf dasselbe hinausläuft. Dort, wo sich Schafe oder Pferde mit Abweiden oder Niedertrampeln zufriedengeben, macht das Huhn alles nieder: Gras, Wurzeln ... Es bleibt nichts mehr übrig. Aber Achtung, Hühner sind keine Freischneider. Sie attackieren nur fressbare Pflanzen und können nichts gegen Brombeersträucher und Efeu ausrichten.

bezeichnet. Das Gelände ist bald übersät damit. Keine Fläche ist mehr eben. Und so hat man nach einigen Monaten den Eindruck, dass in einem Teil des Grundstücks ein Krieg stattgefunden hat.
Hühner verwandeln einen kleinen Hühnerhof sehr schnell in eine regelrechte Wüste, ein Feld mit Pflanzenruinen, wo offensichtlich nichts mehr wachsen kann. Mit Hühnern braucht man keine Unkrautvernichtungsmittel mehr ...

WAS TUN ANGESICHTS DER ÖDNIS?

Die einzige Lösung, die durch Hühner veranstaltete Bodenerosion zu verhindern, besteht darin, ihnen einen weitläufigen

Auslauf zur Verfügung zu stellen. Passen Sie auch die Anzahl der Hühner an Ihre Verhältnisse an. Lieber hält man sich nur zwei, drei Hühner auf viel Platz als zehn Hühner auf engem Raum. Ein niedriger Hühnerbesatz ist immer die bessere Lösung: Sie verwüsten das Gelände nicht, kämpfen nicht miteinander, haben weniger Krankheiten usw. Eine Überbesetzung hat nur schädliche Auswirkungen. Damit Hühner ein Gelände nicht zerstören, braucht man mindestens 20 m^2 Fläche pro großem Huhn, und für einen sehr schönen gepflegten Garten, in dem die Hühner laufen dürfen, sollte man sogar 100 m^2 pro Huhn rechnen (Quelle: Société d'horticulture du pays d'Auray).

Manche Hühnerrassen scharren mehr als andere. Ein lebhaftes und robustes Italiener-Huhn scharrt unendlich mehr als ein kleines Zwerg-Cochin, das bei seinem Scharren durch seine wunderschön befiederten Füße behindert wird. Wenn Sie nicht zu viele Schäden auf Ihrem Gelände haben wollen, entscheiden Sie sich lieber für ein zartes kleines Zierhuhn als für ein dickes Landhuhn ohne Glaube und Moral. Aber keine Angst, man kann wirklich ohne Risiko Hühner halten, wenn man sich zwei Minuten Zeit nimmt, um über den Platz nachzudenken, den man ihnen anbieten kann. So werden zwei Zwerg-Cochin, die in einem großen Garten herumspazieren, fast keinen Schaden anrichten. Wenn Sie die Hühner ausschließlich in einem eigenen Gehege halten wollen, pflanzen Sie dort mehrere Sträucher (Johannisbeeren usw.). Dann sieht dieser ländliche Hühnerhof weniger nackt und wüstenartig aus, nachdem dort herumgescharrt wurde. Die Sträucher dienen zudem als Sonnen- und Regenschirm sowie als Versteck.

EIN HÜHNERFUSS UNTER DER LUPE

Hühner haben vier Zehen. Manche Rassen (Seidenhuhn, Deutsches Lachshuhn, Sultanhuhn, Dorking ...) haben fünf davon! Hähne haben darüber hinaus Sporen. Und dann gibt es noch die Launen der Natur. Mein Marans-Hahn Piep kam mit drei Zehen zur Welt: zwei vorne und eine hinten. Aus der Nähe betrachtet, sieht ein Hühnerfuß ziemlich dinosauriermäßig aus.

WENN DIE HÜHNER STREIKEN

Die Hühner frieren ...

„Wenn's zu Allerheil'gen schneit, legt das Huhn den Pelz bereit."

Die ersten Herbstwinde, die ersten Regenfälle, die ersten Kälteeinbrüche. Meine sehr verehrten Damen, die Hühner, schätzen das überhaupt nicht. Sie bleiben im Stall auf ihren Stangen sitzen und kommen nur kurz heraus, um etwas aufzupicken und das Wetter zu prüfen. Hühnern ist ein Luftzug zuwider. Ebenso prasselnder Regen. Sie hassen es, „feige Hühner" zu sein. Sie tun alles, um nicht nass zu werden. Ein nasses Huhn macht nicht viel her. Sein Gefieder widersteht gut kurzem Sprühregen, schwachem Regen, leichtem Wind. Aber der Schneeregen im März oder die Novemberstürme sind zu viel für die Hühner. Dann verstecken sie sich und suchen Zuflucht. Sie wollen im Warmen und geschützt sein. Und sie kommen erst wieder heraus, wenn der Himmel sich wieder etwas aufgeheitert hat. Unterdessen warten sie auf ihren Stangen und scheinen von düsteren Grübeleien geplagt zu sein. Wie die Eulen. Sie meditieren.

HILFE, ES SCHNEIT

Das Freilandhuhn von früher, das größtenteils selbst etwas Fressbares zusammensuchen musste, hatte keine Wahl: Es musste der großen Kälte die Stirn bieten. Aber das Luxushuhn von heute weigert sich, den Hühnerstall zu verlassen, wenn es die Körner im Stall kredenzt bekommt. Das ist der Punkt, an dem uns einfällt, dass der Vorfahr des Huhns ja ein tropischer Vogel ist und überhaupt kein Tier der kalten Regionen. Auch wenn unsere Hühner robust sind und gut dem schlechten Wetter trotzen, heißt das nicht, dass sie es mögen.

Der Ahn aller Hühner ist das Bankivahuhn *Gallus gallus*, dem man noch heute in den asiatischen Tropenwäldern begegnet (im Nordosten Indiens, in Südostasien, in Südchina). Der abenteuerlustige Tourist ist stets überrascht, ein schallendes *Kikeriki* aus den Tiefen des Dschungels zu hören. Dort in den Tropen kreuzt sich der Bankivahahn manchmal mit einheimischen Hennen vor Ort. Also steht Schnee ursprünglich nicht wirklich auf dem Programm der Hühner.

Außerdem: Eis, das geht gar nicht! Unmöglich, es aufzuscharren. Dazu nicht ein einziger Wurm. Man friert sich die Füße ab und kratzt sich die Krallen auf für nichts. Wenn es noch dazu schneit,

WIE HELFE ICH MEINEM HUHN BEI KÄLTE?

Kontrollieren Sie vor Herbstbeginn, ob der Hühnerstall ausreichend trocken ist und es nicht zieht. Sich Stroh zu besorgen und eine dicke Schicht davon auf dem Boden des Hühnerstalls auszulegen ist eine ausgezeichnete Sache. Stroh ist ein sehr gutes Isoliermaterial und die Hühner haben ihre Füße im Trockenen. Außerdem gibt das Stroh im Laufe des Winters in dem Maße, wie es sich zersetzt, etwas Wärme ab. Ein mit Stroh gut ausgepolsterter Hühnerstall hilft den Hühnern daher, den Winter zu überstehen.
Darüber hinaus muss man während der Frostperiode jeden Tag das Eis ihrer Tränke zerstoßen. Der Schnabel eines Huhns ist nicht so kräftig, um das Eis zu zerbrechen. Auch muss man ihnen Wasser bringen, das nicht gefroren ist, jedoch kein warmes Wasser, sonst könnten sie sich die Zunge verbrennen. Außerdem neigt warmes Wasser dazu, aufgrund eines physikalischen Phänomens, das sich mir entzieht, schneller einzufrieren als kaltes Wasser. Schließlich muss man sie gut füttern, mit gehaltvollem Futter, damit sie die notwendige Energie bekommen, um mit der Kälte fertigzuwerden. Bei anhaltenden Schlechtwetterperioden sollte man sie ohnehin im Stall lassen. In Anbetracht ihrer geringen Aktivität während dieser Zeit sind sie nicht gerade unglücklich, geschützt eingeschlossen zu sein. Vorausgesetzt natürlich, der Stall ist nicht mit Tieren überbelegt.

muss man durch diese vereiste weiße Fläche waten und dabei noch den Tod riskieren. *Dock, dock, dock!* Drei schnelle Runden im Schnee gedreht und auf ein verirrtes Würmchen gehofft und nichts wie zurück in den Hühnerstall, gut isoliert auf der Stange, die Füße im Warmen zwischen den Federn, *brrrr!* Die Hühner bewegen sich nicht mehr, sondern verwenden ihre ganze Energie darauf, sich warm zu halten. Ob der Schneefall 10, 20 oder 30 Tage anhält – es ist immer dieselbe Vorstellung. Die Spuren im Schnee führen nur ein paar Schritte vom Stall weg und wieder zurück, aber darüber hinaus ist die Schneedecke jungfräulich und makellos. Hühner mögen keinen Wintersport.

Diese unleidlichen Damen warten ab, bis es taut, und verharren so lange als Federkugel auf ihrer Stange. Ihr Kamm bleibt schön warm. Sie halten durch, solange ihr Kropf ausreichend gefüllt ist. Sie können einem dermaßen leidtun, dass man ihnen fast kleine Wollhandschühchen stricken und eine Heizung im Hühnerstall anbringen möchte. In diesen Perioden großer Kälte versteht man, wie wichtig es ist, den Hühnern einen dichten, gut isolierten Hühnerstall ohne Luftzug zu bauen.

WEIHNACHTEN FÜR HÜHNER

Damit sich die Putt-Putts ein wenig aufwärmen, als Weihnachtsessen oder zu jedem anderen Zeitpunkt im Winter kann man ihnen folgendes Festessen lauwarm servieren. Vermischen Sie folgende Zutaten:

– gekochter Reis (oder Spaghetti)
– kleine Knoblauchstückchen
– ein paar Fleischreste
– Hafer
– Mais
– geschnittene Salatblätter
– kleine Käserindenstückchen

Bestreuen Sie das Ganze mit Flocken von Bierhefe und geriebenem Käse.
Die Hühner werden es lieben! Weihnachten im Hühnerstall wird würdevoll gefeiert werden.

ABER ES KANN IHNEN AUCH ZU WARM WERDEN

Sobald die schönen Tage wieder da sind, sind die Damen bester Stimmung. Scharren und scharren, Eier legen und Eier legen, gackern und gackern. Und wenn der Frühling wirklich wunderbar ist, dann brüten und brüten und Küken über Küken. Und glauben Sie, dass die große Hitze des Sommers unsere Vögel aus tropischen Gefilden entzückt? Weit gefehlt! Wieder sind sie am Schmollen! Dieses Mal ist es ihnen zu warm! 30 °C, das ist noch nicht viel für ein Bankivahuhn. In den tropischen Wäldern von Kambodscha ist es häufig viel heißer und viel feuchter! Aber für unsere Dickmamsells ist das unhaltbar. Mit offenem Schnabel, hängenden Flügeln, hecheln sie im Schatten mit leerem Blick. In den heißesten Stunden: Kein Huhn weit und breit. Sie haben sich unter die Bäume geschleppt, an schattige Wände gelehnt, hinter den Efeu als Jalousie geflüchtet. In den Schatten, ins Kühle, mit weit aufgerissenem Schnabel, als ob sie gleich explodieren würden. Das Huhn macht seinen Schnabel auf und hebt die Flügel an, um sich abzukühlen. Es schwitzt nicht. Genau wie der Hund, der sein Maul aufreißt, wenn es heiß ist: Das ist seine Wärmeregulierung. Was den Hahn angeht, so bleibt ihm bei einer solchen Hitze buchstäblich die Spucke weg, sein Sexualtrieb ist so gut wie nicht vorhanden.

Was für ein Hühnerleben! Niemals zufrieden! Entweder zu kalt oder zu heiß, immer liegt eine Feder quer, stets hängt der Kamm schief. Trotz allem scheinen sie weitgehend der Wärme

BEI BRÜTENDER HITZE

Damit die Hühner die warme Jahreszeit gut überstehen, muss man ihnen – wie sonst auch – stets frisches Wasser zur freien Verfügung anbieten. Die Hühner müssen auch den ganzen Tag Zugang zu schattigen Bereichen haben.

des Sommers der starken Kälte des Winters den Vorzug zu geben. Bei heißem Wetter kann man immerhin noch scharren, spazieren gehen, Staubbäder nehmen, Eier legen und Küken aufziehen. Die Insekten sollten besser auf der Hut sein.
Auf den Sommer folgt der Herbst mit der Mauser (siehe Seite 110) und die Hühner sehen mehrere Wochen lang mottenzerfressen und jämmerlich aus. Abschließend bleibt festzustellen, dass die Jahreszeit der Hühner ganz klar das Frühjahr ist. Das Glück der ersten Sonnenstrahlen, der ersten Eier, der zarten Pflanzen im Schnabel, ganz frische Insekten und Würmer, der Hahn in Bestform und fröhlich krähend, ganz neues, wunderschönes und glänzendes Gefieder, ein stolzer und tiefroter Kamm, der anzeigt, dass diese Damen fruchtbar sind, dann die ersten Küken des Jahres, die mit ihrem seidigen Flaum herumzappeln ... Für ein Huhn ist das Frühjahr so was von gut!

Hühner mögen keinen Wind, der ihnen das Gefieder zerzaust.

DIE KUNST DER KRIEGSFÜHRUNG NACH DICKMADAM

HÜHNER-KUNG-FU

„Gut geführte Schnabelhiebe – da ist das schöne Gefieder hin."

Auch wenn das Huhn ein extrem ängstliches Tier ist, so mangelt es ihm dennoch nicht an Kampfgeist. Vor allem gegenüber seinen Artgenossen. Und wie beim Menschen gibt es einige Exemplare, die eindeutig größere Raufbolde sind als andere. Schwächere zu drangsalieren, verursacht dem Huhn keinerlei Gewissensbisse. Fühlt es sich in der Position des Stärkeren, lässt es seinem Opfer einen gut gezielten Schnabelhieb zukommen, um es jedes Mal, wenn sich die Gelegenheit bietet, daran zu erinnern. *Zack*, nimm das auf deinen Schädel! Dennoch treten in einer gut zusammenhaltenden Hühnerschar, die sich auf ein ziemlich großes Gelände verteilt, nur sehr wenige Kraftproben auf und es herrscht den Großteil des Tages über Harmonie ... wobei sich kleine Spannungen im Wesentlich beim Schlafengehen und bei der Futtergabe konzentrieren.

HUHN *GEGEN* HUHN

Unter Hühnern sind Zankereien keine Seltenheit. Der Schnabelhieb wird in der Regel gegen den Kopf geführt; das kann so weit gehen, dass in den Kamm gepickt, aber auch hinterhältig in einen Fuß gezwickt wird. Es können auch einige Federn ausgerissen werden. Auf die Attacke folgt in der Regel ein Schmerzensschrei des Opfers ob einer solchen Behandlung, das sich dann schnell von der Zicke entfernt, die ihm diesen niederträchtigen Nasenstüber verpasst hat.

Wenn man ein neues Huhn in einen Hühnerhof aufnimmt (wobei es idealerweise zwei Hühner sein sollten), ist darauf zu achten, dass es ausreichend Platz hat, um zu flüchten, sich zu verstecken und sich zurückzuziehen, bis es akzeptiert worden ist.

Die meisten Spannungen zwischen Hühnern entstehen aufgrund von Platzmangel. Man kann es nicht oft genug sagen: Planen Sie viel Platz für Ihre Hühner ein! Das Maximum ist gerade gut genug ...

Gack Gack

Eins

Zwei

Drei

HUHN *GEGEN* KATZE

In der Regel sind Hühner den Katzen gegenüber etwas misstrauisch und beobachten sie aus dem Augenwinkel, selbst wenn Letztere niemals wirklich ein dickes Landhuhn angreifen (Trotzdem gilt es, auf sehr kleine Zwerghühner und Küken aufzupassen!). Obwohl ich die Miezekatze meiner Nachbarn verdächtige, sich hin und wieder den Spaß zu erlauben, den Tiger zu spielen und Aggressionen gegenüber meinen Hühnern vorzutäuschen, um sie zu überraschen, ihnen Angst einzujagen und sie vor Entrüstung gackern zu lassen.
Das Gegenteil scheint jedoch eher der Fall zu sein. Ich konnte einmal ein Huhn auf dem Hof eines Bauernhofs beobachten, das sich in Gegenwart von Katzen extrem wohlfühlte. Es strich um sie herum in der offensichtlichen Absicht, ihnen auf die Nerven zu gehen. Nicht wirklich böswillig, aber ... Nur vom bloßen Zusehen war die Katze schließlich leicht genervt und wich vor dem Huhn zurück. Ich habe eben dieses Huhn dabei beobachtet, wie es einen Moment zu überlegen schien, bevor es selbstsicher

Patsch!

Tock?

(Wenn das mal kein Vorsatz war …)

auf eine Katze zuging und ihr auf den Schwanz trat. Das Huhn konnte hundert verschiedene andere Wege über den Hof einschlagen, nichts Besonderes veranlasste sie dazu, auf diese Katze zuzugehen, kein Futter, kein besonderes Interesse, kein Grund. Und dennoch entschied es sich, auf diese Katze zuzugehen, die gar nichts wollte, und, *patsch*, ihr auf den Schwanz zu treten. Was die Mieze, die zweifellos an die Spielchen des Huhns gewöhnt war, im Übrigen nicht im Geringsten erschütterte. Nicht ganz einfach, daraus zu schließen, was genau das nun war, aber man kann sich bei der Beobachtung dieser Szene fragen, ob es sich nicht um kleine absichtliche Provokationen handelt! Im Angesicht von Hunden dagegen witzeln die Hühner deutlich weniger herum. Auch wenn sie für eine Katze zumeist viel zu groß sind, so beenden sie doch regelmäßig ihr Leben im Fang der Caniden: Die Bedrohung ist also sehr real.

HUHN *GEGEN* MENSCH

Einem Menschen erscheint es unpassend und auch ein wenig ärgerlich, sich von einem Huhn angreifen zu lassen. Dennoch ist es möglich. Ich hatte einmal ein sehr zutrauliches Huhn, Lulu, dreist und so entspannt im Umgang mit Menschen, dass es uns manchmal in die Wade zwickte und dabei gleichzeitig den Schnabel drehte, was besonders unangenehm war. Hähne machen das auch manchmal. Aber das kommt wirklich selten vor! Hühner sind in Gegenwart von Menschen in der Regel eher ängstlich. Außer wenn sie ihr Nest verteidigen. In diesem Fall heißt es Achtung! Eines meiner Hühner, ein nervöses Exemplar namens Madämchen, verfiel in grenzenlose Wut, wenn man sich unterstand, sich ihren Küken zu nähern. Kaum waren wir nur einen Schritt näher gekommen, als sich eine schwarze Kanonenkugel in einem Affenzahn auf uns stürzte, Schnabel und Krallen ausgefahren, wild kreischend und laut mit den Flügeln schlagend, ein Ausbund an Raserei. In einem solchen Fall weicht man besser

zurück, Mensch hin oder her! Eines Tages, als ich sie für den Urlaub zu einem benachbarten Bauernhof brachte, geriet sie in Brutstimmung und führte eine heftige Attacke gegen den Bauern. Dies empfand er als äußerst bitter und nach meiner Rückkehr erzählte er mir mit nach oben gerollten Augen: *„Dein Huhn da! Ich hätte ihm fast den Hals umgedreht! Sie hat sich auf mich gestürzt, so was hab' ich noch nicht gesehen! Sie hat mir Angst gemacht! Nein wirklich, was sind denn das für Manieren?“*

Die Rasse spielt eine Rolle: Es bestehen nur geringe Aussichten, dass sie so wild von einem sanften Orpington angefallen werden! Außerdem wäre es für dieses gefiederte Dickerchen zweifellos ein geradezu herkulisches Unterfangen, sich so in die Luft zu werfen ... In jedem Fall haben die Orpington, die ich beim Brüten beobachten konnte, niemals einen derart ausgeprägten Verteidigungsinstinkt an den Tag gelegt.

Eine weitere Verteidigungsmaßnahme des Huhns gegen den Menschen ist das Geschrei. Manche Rassen sind darin wahre Experten. Ich kenne es von den Hühnern eines Freundes, bei der kleinsten Kleinigkeit schreien sie los. Und es wirkt: Sie verbreiten eine solche Panik, dass man tatsächlich dazu neigt, schnell den Rückzug anzutreten ... Eines dieser Hühner, das er mir gegeben hatte und das ich Rambo getauft hatte, schrie dermaßen, als ich es aus dem Karton nahm, dass ich dachte, es würde vor lauter Schreck dahinscheiden. Weit gefehlt! Nicht nur, dass es nicht dahinschied, nein, es fand doch tatsächlich nach einer Viertelstunde heraus, wie es aus meinem Hühnerstall durch ein winziges Loch flüchten konnte, um sich verräterisch in dem stacheligen Gebüsch zu verstecken, in dem ich es nicht fangen konnte, ohne mir die Arme zu zerkratzen. Dieser wild gewordene Handfeger beschloss, sein Leben als wildes Huhn in Freiheit zu führen und mich prächtig von oben herab zu behandeln – und ich konnte nichts dagegen tun!

Piep, mein Hahn, ist tot: Schweigen in der Nachbarschaft

„Requiem für ein Huhn"

Piep starb, wie er gelebt hatte: indem er jedem die Ohren abkrähte. Tatsächlich war es ein letztes *Kikeriki*, das ihn ganz plötzlich mit einem Flügelschlag hinwegraffte. Schlaganfall? Herzinfarkt? Niemand weiß es. Da der Marktwert von Hühnern quasi Null ist, ist eine Autopsie ziemlich selten. Aber dennoch: Wenn ein Huhn, das man mehrere Jahre lang quasi als Haustier gehalten hat, stirbt, macht einem das schon etwas aus. Die Bindung ist nicht so stark wie zu Hund, Katze oder Pferd, mit denen wir noch intensivere Beziehungen unterhalten, aber dennoch. Manche Hühner sind uns so zugetan wie manche Katzen ... Und ein Huhn, das ein Dutzend Jahre mit einer Familie zusammengelebt hat, hatte viel Zeit, dazuzugehören. Wenn ein Hahn stirbt, macht sich seine Abwesenheit noch stärker bemerkbar, einfach aufgrund der dröhnenden Stille. Sie bemühen sich vergeblich, sie zu lieben, zu hätscheln ... Eines Tages geschieht das

Unausweichliche: Das Huhn nimmt seinen Abgang. Für diejenigen, die ihre Hühner kaltmachen, ihren Hahn in Rotweinsauce oder ihr Huhn in der Suppe essen, stellt sich sicherlich nicht das gleiche Problem. Hier ist die Rede von den Hühnern, zu denen eine emotionale Bindung entstanden ist. Bevor sie die Radieschen von unten ansehen, werden die Hühner älter. Die alten Putt-Putts sind häufig nicht mehr so kräftig wie die Junghühner. Sie sind anfälliger für Krankheiten. Aber manche bleiben noch sehr lang in Form.

DER GRAUENVOLLE TOD DES MISTER PINGTON

Ich hatte bereits Gelegenheit, darauf hinzuweisen, dass Küken kleine Todeskandidaten sind. Das stimmt. Sie sind viel zarter als die Hühner. Der Tag, an dem ich Mister Pington, ein entsetzlich winziges, zwei Wochen altes Küken, tot umgefallen und der Länge nach ausgestreckt neben seiner Mutter fand, war wirklich furchtbar. Ich hatte es nicht kommen sehen. Es schien mir, als ob es ihm am Ende des Tages ein ganz klein wenig schlechter ging, aber nichts, was auf ein so abruptes Ableben schließen ließ. Man weiß nicht immer, woran Hühner und Küken sterben, besonders, wenn sie schnell sterben. Es war schon Nacht und ich war allein. Ich habe ihn mit einer Plastikschaufel aufgenommen und entsetzt in meiner Panik feige in die Mülltonne an der Straße geworfen … Nebenbei gesagt ist das verboten, was ich aber nicht wusste. Friede sei mit dem kleinen Kämmchen.

WAS PASSIERT MIT DEM TOTEN HUHN?

Was soll man mit dem Körper toter Tiere tun? Diese Frage stellt man sich nicht, wenn man sie erwirbt. Nun, das ist ein echtes Problem! Den geliebten Hahn unter großem Pomp zum Klang der Geigen im Garten zu begraben, ist in Deutschland verboten. Es ist ebenfalls verboten, ein totes Huhn in die Mülltonne zu geben, das kann strafrechtlich verfolgt werden. Auch wenn mir niemand wegen des winzigen Mister Pington ein Theater gemacht hat, würden es die Müllmänner vielleicht nicht so gerne sehen, wenn ihnen der Kopf eines alten toten Huhns aus einem

Mülleimer entgegenblickt … Gleichzeitig wirft man jedoch die Hühnerknochen weg, aber gut … Man muss dennoch an die Jungs denken, die hinter uns aufräumen, von Bedenken wegen möglicher Gefahren durch Krankheitsübertragungen mal ganz zu schweigen. Darüber hinaus ginge es gar nicht, symbolisch gesprochen, ein Tier in die Mülltonne zu werfen. Etwas mehr Würde bitte! Eine andere Möglichkeit besteht darin, das tote Tier zum Tierarzt zu bringen, der es übernimmt, den Kadaver zu entsorgen, oder gleich zu einer offiziellen Tierkörperbeseitigungsstelle.
Es ist selbstverständlich – aber im Zweifel muss es trotzdem gesagt werden: Sie sollten das Huhn auf keinen Fall essen unter dem Vorwand, dass es gestorben ist. Sie wissen nicht, welche Krankheit es hatte!

DICKMADAM, DIE VERWANDLUNGSKÜNSTLERIN

Man sollte meinen, dass die Geschichten über alte Hennen, die sich für Hähne halten, bloße Anekdoten sind … Sie schaffen es manchmal in die Lokalnachrichten. In Wirklichkeit werden Hühner zumeist verspeist, bevor sie alt werden, weshalb wir nicht oft beobachten können, wie es ist, wenn sie altern. Diejenigen, die ihre alten Hennen behalten, müssen zugeben, dass es manchmal vorkommt, dass eine dieser Omas Anzeichen für eine Vermännlichung zeigt, die deutlich ausgeprägter sind als das Haar am Kinn unserer Großmütter. Sie verlieren ihre Fruchtbarkeit zwischen sechs und neun Jahren und danach kann es in seltenen Fällen geschehen, dass sie das Geschlecht wechseln. Dann fängt die Henne plötzlich zu krähen an, noch dazu häufig mit einer Falsettstimme.

Das ist Dickmadam letzten Winter passiert. Bei dieser fünfjährigen Henne, die ihre Fruchtbarkeit noch nicht verloren hatte, aber nur noch sporadisch Eier legte, hat sich der Kamm auf erstaunliche Weise vergrößert. Sie begann zu krähen. Wir waren ziemlich genervt, wegen der Nachbarn, weil wir befürchteten, sie würden denken, wir hätten einen neuen Hahn. Das Frühjahr und die Wiederaufnahme des Legens haben sie einigermaßen beruhigt. Aber nach einer solchen Verwandlungseinlage kann sich dieses Problem unter Umständen wiederholen. Die

Alte Henne, der ein verdächtiger Kamm gewachsen ist und die frühmorgens kräht …

Transsexualität ist daher bei alten Hennen erwiesen, auch wenn sie relativ selten eintritt. Die Alten glaubten, dass Hennen, die sich für Hähne hielten, Unglück brächten und empfahlen, sie zu schlachten. Wir werden dennoch Dickmadam nicht umbringen, nur weil sie sich ein bisschen für einen Mann hält …
Ist das Huhn nicht ein außergewöhnliches Tier? Es kann zwei Leben führen und die Freuden einer Frau genießen und anschließend diejenigen eines Mannes! Solche Geschichten passieren manchmal auch jungen Hühnern, aufgrund von Problemen mit den Fortpflanzungsorganen. Dann sieht man alle möglichen Kombinationen: Hennen-Hahn, der sich vom echten Hahn treten lässt und weiterhin Eier legt oder Hennen-Hahn, der die anderen Hennen tritt … In jedem Fall wird man auf diese Hennen aufmerksam, sobald sie zu krähen anfangen. Man sagt

Kleine Gasse namens „Straße zum kühnen Hahn" auf der Insel Sein im französischen Departement Finistère.

manchmal, dass diese Art der Verwandlung eher in Hühnerställen vorkommt, wo es keinen Hahn gibt. Leider passiert das auch, wenn ein Hahn anwesend ist.
Diese befremdlichen Geschichten sind ärgerlich, wenn man sich von vornherein gegen einen Hahn entschieden hatte. Vor allem, wenn man vor den Nachbarn schwört, dass man keinen Hahn hat und dass es die alte Henne ist, die transsexuell geworden ist – nicht nur, dass sie uns für Lügner halten, sondern darüber hinaus glauben sie dann auch, dass man vollkommen plemplem ist.
Alte Hähne hingegen verwandeln sich nicht in Hennen. Und sie finden es nicht immer besonders gut, wenn sich eine ihrer Hennen in einen Konkurrenten verwandelt. Versetzen Sie sich mal in seine Lage!

EINIGE HÜHNERRASSEN GENAUER BETRACHTET

ICH BEKOMME MARANS!

„Mein Huhn ist mein Ein und Alles."

Jeder Hühnerliebhaber hat seine Marotten. Der eine ist total verliebt in Zwerghühner. Der andere begeistert sich eher für die sanften Dickerchen. Wieder ein anderer schwört auf türkisblaue oder dunkelbraune Eier von bestimmten Rassen. Und manche stehen total auf den langen Schwanz ihrer japanischen Onagadori-Hähne. Ganz andere dagegen hätten gerne von allem etwas in ihrem Hühnerstall: ein Huhn von jeder ihrer bevorzugten Rassen, ein Patchwork „hühnerischer" Biodiversität. Kurz gesagt, in Sachen Huhn gibt es keine Regeln.

Meine Sammlung besteht aus Marans-Hühnern. Seit Jahren suche ich eine schöne Marans-Henne in Schwarz-Kupfer. Oh ja, so erstaunlich dies klingen mag, es ist nicht so einfach, und ich habe eine Pechsträhne. Schon meine ersten Hühner sollten Marans sein, aber ein Freund hat für mich beschlossen, zwei wesentlich seltenere französische Challans zu adoptieren ... Ich habe mich überreden lassen. Dann, im folgenden Frühjahr, als ich immer noch Marans wollte und Dickmadam in akuter Brutstimmung war, habe ich acht Bruteier bestellt. Daraus wurde dann

ein einziges Küken, der berühmte Piep, ein weizenfarbiger Marans-Hahn. Dieser Hahn hat sich im darauffolgenden Frühjahr mit den Challans-Hennen verpaart und sehr gute Hühner gezeugt. Wir haben diese Kreuzung „Marchallans" getauft. Aber gut, es waren immer noch keine echten Marans. Nach einem weiteren misslungenen Versuch, eine Henne zu kaufen, habe ich dieses Jahr schließlich über das Internet Eier von Marans in Schwarz-Kupfer bestellt (diese sollen ganz besonders dunkelbraune Eier legen). Von den acht Eiern sind vier zerbrochen angekommen, von den verbliebenen vier sind nur zwei Küken geschlüpft. Ein kleiner Hahn und eine Henne. Den Hahn gab ich auf einen Bauernhof (um zu vermeiden, dass die Ohren der Nachbarn zu sehr gereizt würden), die Henne blieb. Nur, dass – Überraschung! – es keine schwarz-kupferne Marans ist, sondern eine schwarz-silberne! Also gut, damit kann man leben. Nach jahrelangen Bemühungen ruht daher meine ganze Hoffnung auf Federchen, einer kleinen Marans-Henne mit dem Aussehen eines Dinosauriers, deren erstes Ei erwartet wird wie der Heilige Gral.

HENNEN MIT GOLDENEN EIERN: MARANS

Marans sind eine außergewöhnliche Rasse wegen der rotbraunen Farbe ihrer Eier. Man könnte glauben, es wären Schokoladeneier. Es sind große Eier mit dicker Schale. Ein meisterhaftes Ei! Es gibt Eierwettbewerbe, bei denen man Eier sehen kann, eines schöner als das andere. Außerdem ist das Marans-Huhn ein nettes Tier, robust und von gutem Wesen. Da es sehr zutraulich ist, ist es ein angenehmes Haushuhn. Marans gibt es in zahlreichen Farbenschlägen. Dieses französische Huhn ist bei Liebhabern aber vor allem wegen seiner außergewöhnlichen Eier gefragt.

ORPINGTON, LIEBENSWERTE DICKERCHEN

Es liegt auch an Dickmadam und einer ihrer unbezähmbaren Brutstimmungen, dass ich die Orpington entdeckt habe, die ein Züchter in meiner Nähe hielt. Er erklärte mir, dass wenn man es einmal mit einem Orpington versucht hätte, man nie mehr ohne diese Rasse auskommen könnte. Gut, das stimmt vielleicht nicht so ganz. Er führte mir auch das „gute Aussehen" dieser Hühner vor Augen. Und ja, sie sind wirklich liebenswert, nicht im Geringsten aggressiv, pummelig mit ihrem bauschigen, weichen

Im „Hinterwettbewerb" gehören diese jungen Orpington und diese Zwerg-Cochin sicherlich zu den am üppigsten ausgestatteten Exemplaren.

Gefieder und einem „enormen Hintern", wie mir ein Orpingtonfan sagte. Es sind sehr dicke Hühner. Sie sind nicht nur von beeindruckender Schönheit, sie sind auch gute Legerinnen (ihre Eier sind von normaler Größe) und sie gelten als Winterleger, was nicht so häufig ist. Die Orpington stammen aus Großbritannien, sie sind der Liebling der Königin von England, die eine ganze Schar davon besitzt.

ZWERG-COCHIN: KLEINE FROLLEINS

Als ich auf der Suche nach einer Hühnerrasse war, die zu meiner kleinen achtjährigen Nachbarin passen würde, deren Kaninchen gestorben war, habe ich mich näher für das Zwerg-Cochin interessiert. Meine kleine Nachbarin brauchte ein zutrauliches, niedliches, wenig scharrendes Huhn … Das kleine kecke Zwerg-Cochin schien mir ideal. Diese Zwerghühner asiatischer Herkunft mit weichem, leichtem Gefieder und gefiederten Füßen werden zu Zierzwecken gezüchtet.

AUS FRANKREICH: CHALLANS

Das schwarze Challans-Huhn, die Rasse von Dickmadam, ist eine der robustesten Landhuhnrassen. Ein richtiger Schlaukopf, der weiß, was er will und nicht im Geringsten tollpatschig. Mit ihm ist den Würmern keine Verschnaufpause gegönnt. Dieses aus Frankreich stammende Huhn wird hauptsächlich wegen seines köstlichen Fleischs gezüchtet.

ARAUCANA: HUHN MIT TÜRKISFARBENEN EIERN

Ein faszinierendes Huhn ist das Araucana. Seinen Namen leitet es von den Araucana-Indios ab, die es züchteten. Sie hielten diese Hühner bereits lange vor der Ankunft der spanischen Eroberer. Das als Lege- und Zierhuhn gehaltene Araucana legt blaue, grüne und manchmal rosafarbene Eier. Es stammt ursprünglich aus Chile und besitzt sogenannte Bommeln (Federbüschel auf Höhe der Ohren). Das Araucana ist schwanzlos.

ITALIENER

Italiener sind Klassiker auf dem Hühnerhof. Die Damen sind fleißige Eierlegerinnen, kommen aber kaum in Brutstimmung. Sie beginnen früh mit dem Legen und machen auch im Winter keine nennenswerte Pause, wenn sich manch andere Rasse auf die faule Haut legt. Die Hähne entsprechen vom Aussehen her dem Bild eines „typischen" Hahns – der Prototyp eines Hahns sozusagen. Italiener sind etwas schreckhaft, aber insgesamt tolle Hühner.

GEFÄHRDETE HÜHNERRASSEN IN DEUTSCHLAND

Die Erhaltung der Vielfalt an Hühnerrassen kann jeder von uns, der Hühner halten möchte, unterstützen. Dadurch ist es möglich, ein äußerst vielfältiges biologisches Vermächtnis zu bewahren. Im Idealfall wird der Haltung von regionalen Hühnerrassen der Vorzug gegeben. Diese sind auch am besten an das Klima und die Umgebung angepasst.

- Altsteirer
- Appenzeller Barthühner
- Appenzeller Spitzhauben
- Augsburger
- Bergische Kräher
- Bergische Schlotterkämme
- Brabanter
- Cochin
- Deutsche Lachshühner
- Deutsche Sperber
- Eulenbarthühner
- Hamburger
- Houdan
- Kaulhühner
- Krüper
- Lakenfelder
- Landaise
- Minorka
- Niederrheiner
- Ostfriesische Möwen
- Paduaner
- Ramelsloher
- Rheinländer
- Rosenkämmige Italiener
- Sachsenhühner
- Schweizerhühner
- Spanier
- Sulmtaler
- Sultanhühner
- Sundheimer
- Thüringer Barthühner
- Vorwerkhühner
- Westfälische Totleger

Landaise-Hühner

Hühner sind dumm! – Und dein Kanarienvogel, welchen IQ hat der?

Alle Dummheiten, die man sich über Hühner erzählt

„Zu sagen, das Huhn sei dumm, ist eine Ausrede dafür, es zu braten."

Ein Freund vertraute mir an: „Wenn ich jemanden sagen höre ‚Ein Huhn ist dumm', hätte ich gute Lust zu antworten: ‚Du bist der Dumme!'." Warum ist die Vorstellung, dass Hühner dumm sind, so tief in uns verankert? Manchmal hört man kluge und kultivierte Menschen, schlimmer noch, in Biologie bewanderte Menschen, sich ohne zu hinterfragen über die „Dummheit" von Hühnern auslassen. Und das, wenn beispielsweise auch Kanarienvögel im gleichen Haushalt wie die Hühner leben.

Niemand lässt sich über die „Dummheit" der Enten aus, warum eigentlich? Ich kenne einen Hühner- und Entenzüchter, der mir bestätigt, was ich mir bereits dachte, nämlich dass ein Huhn viel gewitzter und einfallsreicher als eine Ente ist. Und zwar so sehr, dass er immer gezwungen ist, ein Hühnerküken zu den Entenküken, die er im Brutapparat erbrütet hat, zu setzen, denn das schlauere Hühnerküken zeigt den Entenküken, wo's langgeht. Aber die Ente wird niemals mit abfälligen Sprüchen

über ihre Intelligenz überschüttet. Man lässt sie in Frieden.
Ein Huhn ist ein Vogel. Es ist offensichtlich, dass es nicht zu den wenigen superintelligenten Vögeln gehört (Krähen, Papageien ...). Aber es ist nicht dümmer als die anderen. Ein Kanarienvogel, eine Meise oder ein Sperling sind keineswegs schlauer als ein Huhn und doch wird niemand sagen, dass sie alle ultradumm sind! Wenn ein Huhn dumm ist, dann heißt das alles in allem, dass alle Vögel dumm wären.

PLÄDOYER FÜR EIN HUHN

Ein Huhn ist im Gegenteil ein sehr cleveres, sehr reaktionsschnelles und sehr neugieriges Tier. Es besitzt eindeutig ein Gedächtnis für Orte, Menschen, Situationen; und Studien haben nachgewiesen, dass sie sich untereinander erkennen (das ist für jeden, der sie hält und nur ein bisschen beobachtet, unstrittig).

Wenn meine Hühner nicht wollen, dass ich sie fange, wenden sie eine unübertroffene Methode an. Sie verstecken sich hinter einem Baum. Wenn ich nach links gehe, gehen sie nach rechts; wenn ich nach rechts gehe, gehen sie nach links. Nichts zu machen, dieses kleine Spielchen kann lange dauern. Eine andere Variante besteht darin, mich um ihre Hütte laufen zu lassen. Als der *Homo sapiens*, der ich bin, mit meinem großen superentwickelten Gehirn, meinen Diplomen und meiner Fähigkeit, mir den Kopf über alle möglichen existenziellen Themen zu zerbrechen, werde ich rasend, wenn ich um den Baum oder die Hütte herumlaufe, absolut unfähig, dieses Huhn zu schnappen. Am schlimmsten ist es, wenn sie sich hierzu entschlossen haben, dass sie eine geradezu olympische Ruhe bewahren. „Renn' mal schön, ich finde dich interessant!“ Und es sind nicht ihre körperlichen Fähigkeiten, die sie hier einsetzen, um sich nicht fangen zu lassen, sondern so etwas wie Überlegung: „Wenn ich mich hinter den Baum oder die Hütte stelle und wenn ich in entgegengesetzter Richtung wie sie laufe, kann sie mich nicht fangen.“ Sie erwerben übrigens diese kleine List während des Heranwachsens, wobei die Küken gerne unter großem Gepiepse egal wie, ausbrechen. Ich glaube nicht, dass ein absolut schwachsinniger Vogel, wie man es uns von den Hühnern weismachen will, in der Lage

Klar, wenn einem der Kamm dermaßen schief hängt, sieht man plötzlich nicht mehr ganz so clever aus ...

wäre, auch nur spontan einen *Homo sapiens* scheitern zu lassen. Es sei denn, ich bin es, die komplett schwachsinnig ist – eine Hypothese, die nicht ganz auszuschließen ist.

Wenn das Huhn Reaktionen zeigt, die dumm erscheinen, ist dies häufig auf Angst zurückzuführen. In Panik kann es manchmal einfach irgendetwas machen. Panik und Angst können bei ihm für uns unverständliche Reaktionen auslösen. Infolgedessen neigt der Mensch häufig dazu zu denken, dass die Beutetiere dumm sind, weil ihre Überlebensreaktionen gewalttätig sein können. Für Menschen ist es leichter, sich mit der Ruhe der Raubtiere zu identifizieren. Dennoch konnten die Hühner auch dank ihrer Feigheit überleben. Feigheit ist kein Zeichen für Blödheit.

Außerdem kann man nicht behaupten, dass die Lebensbedingungen vieler (in kleine Hühnerställe gezwängter) Hühner ihnen immer dabei helfen, einen kühlen Kopf zu bewahren. Ein in beengten Verhältnissen gehaltenes Huhn wird zwangsläufig mehr plemplem als ein Freilandhuhn sein und ein im Brutapparat erbrütetes Küken ohne die Glucke als Vorbild wird stets weniger selbstständig als ein von seiner Mutter aufgezogenes Küken sein.

BRITISCHE VERHALTENSFORSCHER SPRINGEN DEN *CHICKENS* BEI

Dank eines Teams britischer Verhaltensforscher und Tierärzte liegen Studien vor, die das Huhn rehabilitieren. So könne ein Huhn über 80 Artgenossen anhand von Fotos erkennen und dabei sehr wohl zwischen den Mitgliedern seines Hühnerhofs und fremden Hühnern unterscheiden. Und die Studien haben gezeigt, dass es sich dabei sehr wohl um Merkfähigkeit handelt. Das Huhn kann Informationen lernen und bestimmte Probleme lösen. Die Wissenschaftler konnten den Hühnern beibringen, mit dem Schnabel auf einen Schalter zu drücken, um ihn auszuschalten, wenn es ihnen zu warm ist. Sie haben herausgefunden, dass die Hühner im Rahmen ihrer Möglichkeiten lernen, sich Dinge merken, überlegen und sogar Ereignisse gedanklich vorwegnehmen konnten. Ein Huhn kann einen kompletten Hindernislauf absolvieren, einen Schalter betätigen, um ein Fenster zu entriegeln, drei Mal einen Metallring betätigen, um einem Computer zu befehlen, eine Tür zu entriegeln, eher nach rechts als nach links laufen, um schließlich eine Schachtel zu finden, in der es vor Blicken geschützt ein Nest bauen und Eier legen kann. Hühner können lernen, dass sich in dem roten Behälter Futter befindet, indem sie ein Video über ein anderes Huhn sehen, wie dieses aus einem roten Behälter frisst. Wenn man ihnen das Futter in roten Behältern und Behältern in anderen Farben versteckt, suchen sie immer in den roten Behältern nach dem Futter, wie sie es bei ihrer Kollegin im Video gesehen haben. Es wurden Studien an Hühnern in Legebatterien durchgeführt (diese Form der Hühnerhaltung ist seit 2012 EU-weit verboten), das heißt, an denjenigen, die von ihren Lebensbedingungen am stärksten verdattert waren. Sie waren im Rahmen ihrer Möglichkeiten zu erstaunlichen körperlichen und geistigen Leistungen fähig (Quelle: Association for the Study of Animal Behaviour, Department of Clinical and Veterinary Science, University of Bristol, Department of Clinical Veterinary Medicine, University of Cambridge).

Hühner unterhalten soziale Beziehungen. Eine neuere ebenfalls britische Studie der University of Bristol vom März 2011 zeigt, dass sie fähig sind, Empathie zu zeigen: Ihr Herzschlag beschleunigt sich beim Anblick einer ihrer Artgenossinnen, wenn sie leidet oder ihre Küken eine schwere Zeit durchmachen. Alle diese Studien zeigen natürlich wie schrecklich die immer noch weit verbreiteten schlechten Haltungsbedingungen von Hühnern in der Industrie auf die Tiere wirken müssen.

Menschen, die von vornherein behaupten, dass dieses oder jenes Tier dumm ist, machen mich persönlich jedes Mal vollkommen perplex. Einerseits wegen der Gewissheit, mit der sie ihr Urteil abgeben. Andererseits, weil die Vorstellung von Intelligenz äußerst komplex ist. Selbst beim Menschen ist sie sehr schwer zu beurteilen und die IQ-Tests fallen ebenfalls nicht immer eindeutig aus.
Auch wenn ich der Feststellung zustimme, dass man bei einer x-beliebigen Tierart mehr oder weniger gewitzte Tiere beo-

UNTERSCHIEDLICHES GEGACKER

Wer mit Hühnern zusammenlebt bemerkt schnell, dass sie sehr gesprächig sind, immer einen Kommentar über das jeweilige Geschehen auf dem Schnabel. Von einem Huhn sagt man, dass es gackert, kakelt, gackelt, kakert, gickelt, gluckt und gluckst. Der Hahn kräht, kikerikieht und krakeelt. Wissenschaftler haben bereits mehr als 40 Laute identifiziert – das ist nicht schlecht! Hühner drücken so ihre Zufriedenheit, Angst, wenn sie ein Ei gelegt haben, Protestbekundung, das Teilen von Futter mit den Küken usw. aus. Alle Hühnerhalter haben auch das berühmte *gack?* im Kopf, das fragend klingt, wenn die erwartete Mahlzeit nicht kommt oder angesichts einer Sache, die sie stört, ohne sie in Panik zu versetzen. Hinzu kommt noch die nonverbale Kommunikation, mittels verschiedener Körperhaltungen. Ein einziger schräger Blick von Dickmadam genügt, um alle anderen Hühner zurückweichen zu lassen.

bachten kann, so macht es keinen Sinn, eine ganze Tierart zu verurteilen. Außerdem ist Intelligenz nicht alles. Es ist eine Adaptation, die uns Menschen mit etwas verkümmerten Sinnen gut geholfen hat. Wir sind zwar intelligent, aber im Vergleich zu Hunden ist unsere Nase verstopft, im Vergleich zu Pferden oder Eulen unsere Ohren verkümmert, unsere Muskelkraft, Schnelligkeit und Ausdauer verglichen mit anderen Raubtieren ein Witz, die Sicht weniger scharf als die Mehrzahl der Vögel, kurzum: Aus der Leistungsperspektive betrachtet ist der Mensch auf vielen Gebieten immer noch eine Bleikugel. Daher auch dieses Bedürfnis, sich auf die Intelligenz zu berufen. Ein Huhn, nun, schon auf dem Gebiet der Sicht und des Gehörs wäre es besser, nicht mit ihm in Konkurrenz zu treten. Und was die Beweglichkeit betrifft, so kenne ich einige Hühner, die deutlich beweglicher und lebhafter sind als so manches menschliche Exemplar.

ABWERTEN BEDEUTET SICH REINWASCHEN

Je mehr der Mensch eine Tierart versklavt, umso mehr neigt er dazu, sie als dumm zu titulieren – und sinngemäß, dass sie es nicht besser verdient. Zu behaupten, dass das Huhn dumm ist, ohne selbst nur einen Deut über die Begründung für diese Voreingenommenheit nachzudenken oder auch nur sich über die Verhaltensstudien zu informieren, die es zu diesem Thema gibt, ist ungefähr so, als ob man behaupten wollte, dass man alle Rechte an ihm hat. Wie kann es sein, dass ein viel zu oft unter schockierenden Bedingungen aufgezogenes Tier nicht nur Empfindsamkeit aufweist, sondern auch etwas Intelligenz? Wie kann es sein, dass man mit Vergnügen das Tier isst, dessen männliche Küken in den industriellen Geflügelzuchten nach der Geburt geschreddert werden und das nur als Fleisch- und Eierlieferant betrachtet wird, dass dieses Tier in Wahrheit jedoch über eine recht vielfältige Sprache verfügt? Für viele Menschen ist eine solche Vorstellung unangenehm; daher ist es besser, (dämlich) über die Dummheit eines in Wahrheit verkannten Tieres zu lachen.

Das Fleisch der Hühner ist köstlich und es ist ganz natürlich, dass wir es essen. Man muss einfach zu der Tatsache stehen, dass man ein viel komplexeres Lebewesen isst, als man glauben wollte. Und sich bemühen, sich beim Einkauf von Eiern und Fleisch zu vergewissern, dass die Haltungsbedingungen nicht barbarisch waren, sondern dass das Huhn ein Leben im Freien kannte, laufen, mit den Flügeln schlagen und Staubbäder nehmen konnte … Wir sollten besser dazu stehen, dass wir Hühner auch als essbare Beute betrachten, als uns einzureden, dass das Huhn ein dummes Tier ist. Denn auch wenn wir uns einig sind, dass das Huhn kein Tier mit überlegener Intelligenz ist, so ist es ganz gewiss nicht unintelligent.

ICH BIN IN HÜHNERKACKE GETRETEN …

… UND HAB'S ERST BEI DER ARBEIT GEMERKT

„Zicke Zacke Hühnerkacke – das Huhn kann nicht anders."

Meine Patentante erzählte mir, dass sie in ihrer Kindheit eine Bäuerin kannte, die ihre Hühner im Haus ein- und ausgehen ließ. Das Federvieh machte sich auf den Weg ins Haus, kackte auf den Tisch und zur Essenszeit verteilte die Bäuerin wahllos Fußtritte, um alle zu verscheuchen. Jedem seine Hygiene.

Aber egal wie verrückt man ist, manchmal passiert einfach ein Malheur. So kann es passieren, dass man, wenn man frühmorgens schnell die Hühner rauslassen will, in Hühnerkacke tritt. In der Regel genügt ein Blick auf die Schuhsohlen, um sich zu vergewissern, dass da nichts ist. Aber wenn man müde, gestresst und spät dran ist, passiert es, dass man nicht kontrolliert. Tja …

HÖLLE UND VERDAMMNIS

09:11 Uhr. Während des großen Meetings mit dem Big Boss zur Festlegung der Ziele für die nächsten drei Monate steigt allen plötzlich ein Geruch nach Stall und Moder in die Nase. Sie ignorieren es, ganz darauf konzentriert, Ihre undurchdringlichste Miene aufzusetzen, um dem Big Boss zuzuhören. Aber der Geruch geht nicht weg. Er wird betäubend.
Unauffällig schauen Sie auf Ihre Schuhsohlen und voilà … Ein großer Klumpen Hühnerkacke klebt da, tief in die Sohlenritzen Ihres Schuhs eingedrückt. Der Geruch, der Ihrem Schuh entströmt, ist der nach Hühnerkacke. In diesem Moment fällt Ihnen das alte Sprichwort ein: „Das Leben ist wie eine Hühnerleiter. Kurz und beschissen."
Diskret versuchen Sie festzustellen, ob Ihre lieben Kollegen, der niederträchtige Herr Muffel, die Kriecher Trick und Track und der unerträgliche Rottenmaier den Gestank bemerkt haben. Ihre eifrigen und konzentrierten Mienen verraten nichts. Noch bleibt Zeit zu handeln, bevor es zu spät ist. Mit aufgesetztem honigsüßem Lächeln stehen Sie auf und gehen seitwärts bis zum Ausgang des Konferenzraums und täuschen einen unbezähmbaren Drang, auf die Toilette zu gehen, vor. Der Big Boss runzelt die Stirn, das Meeting hat gerade erst vor acht Minuten angefangen. Einmal draußen, flitzen Sie auf die Toilette. Gertrud, die Buchhalterin – sehr übellaunig, weil sie eine Rechnung verloren hat und versucht, es so aussehen zu lassen, als ob es nicht ihr Fehler, sondern der von anderen war – beobachtet sie mit zusammengekniffenen boshaften Augen und registriert, dass Sie das Meeting um 09:12 Uhr verlassen haben, wild entschlossen, dies baldmöglichst der zuständigen Person zu melden. Sie schaut auf die Uhr, um auszurechnen, wie viele Minuten und Sekunden Sie auf der Toilette verbringen werden. Der Countdown hat begonnen.
Auf der Toilette angelangt – Pech. Angie, die neue Praktikantin, des Fotokopierens überdrüssig, hat sich in den Kopf gesetzt, ihr Make-up vom Kinn bis zur Stirn komplett zu überarbeiten. Mit einem Seitenblick lässt sie Sie wissen, dass Sie stören. Niedergeschlagen wird Ihnen klar, dass der Zugang zum Waschbecken unmöglich ist. Es muss mit dem Wasser aus der Kloschüssel gehen.
Also schließen Sie sich in der Toilette ein, ziehen den Schuh aus und beginnen, mithilfe von Klopapier die festsitzende Kacke wegzureiben. Von Übelkeit gepackt verfluchen Sie die Hühner und schwören, sie umgehend zu braten, um Rache zu nehmen.

Wenn Sie endlich aus der Toilette kommen, blass im Gesicht und mit Schweißperlen auf der Stirn, sieht Sie die Praktikantin wie ein geschocktes Hühnchen an und fragt sich, wieso Sie so viel Lärm gemacht und sich so lange in der Toilette eingeschlossen haben. Wenn Sie wieder an der Buchhalterin vorbeilaufen, wirft Ihnen diese dicke Berta den Blick einer verbitterten alten Schachtel zu. Bei Ihrer Rückkehr in den Konferenzraum hat sich der Big Boss in einen Hahn verwandelt, er kräht und schlägt mit den Flügeln, während das ganze Hühnervolk sich auf Sie stürzt, um Ihnen in die Federn zu fahren. In Ihrem Kopf dreht sich alles, Sie sehen kleine Sternchen in Eierform, die blinken, und Sie fallen mit einem dumpfen Geräusch auf den Rücken. Von weit her dringen die Schreie von Hühnern an Ihr Ohr …

Sie erwachen später in der Notaufnahme. „Überarbeitung“ diagnostiziert der Arzt betrübt. Beunruhigt sehen Sie nach Ihrer Schuhsohle. Puuh! Sie ist sauber.

ANTI-HÜHNERKACKE-PLAN

Glauben Sie nicht, dass dieses Szenario übertrieben ist. Wenn man Hühner hat, kommt es regelmäßig vor, dass man in die Kacke tritt. Und das trotz aller erdenklicher Vorsichtsmaßnahmen. Hühnerkacke ist hinterhältig, sie hat dieselbe Farbe wie der Boden, sie tarnt sich zwischen dem Grünzeug … Am besten kauft man sich Gartenschuhe – Sie wissen schon, diese grünen Plastikschuhe, die Ihnen sofort den Anstrich eines Bauerntölpels verleihen. Noch zwei- oder dreimal mit Hühnerkacke unter den Tretern bei der Arbeit und Sie werden sich nicht mehr zieren, schleunigst ein gutes Paar dieser Plastik-Pumps zu kaufen. Und gehen Sie nur noch mit diesen speziellen „Hühnerschuhen“ in den Stall und den von den Hühnern frequentierten Teil des Gartens. Mit ihnen gehen Sie Ihre Schützlinge füttern, die Eier suchen, den Hühnerstall putzen … Lassen Sie Ihre Straßenschuhe endgültig im Haus. Für diejenigen, die dennoch gerne eine Art Landhaus-Look tragen würden, gibt es auch Holzschuhe für den Garten – für den gewissen Retro-Touch. Designmäßig etwas aufgehübschter als die grünen Quanten, tun sie's auch. „Hühnerschuhe“ zu haben hat auch Vorteile für die Sauberkeit im Haus. Sie riskieren nicht, Mikroben auf den Schuhsohlen einzuschleppen.

Außerdem ist auch eine automatische Öffnung des Hühnerstalls ein guter Trick, um Zeit zu gewinnen und zu vermeiden, die Hühner frühmorgens vor der Arbeit per Hand rauslassen zu müssen (siehe Seite 66).

Selbstverständlich ist es von Vorteil, nicht barfuß über eine von Hühnern aufgesuchte Wiese zu laufen, auch wenn das Gras dort grün und weich erscheint. Achten Sie auch auf das kleine zweijährige Bübchen, das das Federvieh gerne mit seinen putzigen Superman-Hausschühchen zusammentrommeln will … Das vermeidet man besser.

Alles in allem sollten Sie sich eine Ecke Ihres Gartens als „Zutritt für Hühner verboten" einrichten. Hier können diese Bertas weder hinkommen noch scharren noch kacken, und wenn sie noch so sehr darauf versessen sind. Das erleichtert Ihnen das Leben!

Und schließlich: Tragen Sie immer Zahnstocher in Ihrer Tasche. Denn der in den Ritzen eines Schuhs festsitzende Kot geht nicht leicht raus.

Das Federvieh in der Nähe der Wohnräume herumspazieren zu lassen, birgt so einige Herausforderungen.

STUR-
SCHÄDELINNEN
& CO.

HÜHNER-MAROTTEN!

„Die störrischsten Hühner sind nicht immer die schlechtesten."

Mal ehrlich: Hühner tun nur das, was sie wollen. Sie sind absolut nicht fügsam. Sie sollen in eine bestimmte Richtung laufen? Die Chancen stehen sehr gut, dass sie in die andere laufen! Und noch dazu aus Protest kakeln. Und es schert sie nicht im Geringsten, uns zu erfreuen. Undisziplinierte Gesellinnen, die sie sind, sind sie auch sehr stur. Wir haben bereits über die Geschichte mit dem Brüten gesprochen, wobei absolut niemand ihnen diese Idee aus dem Kopf schlagen kann. Und beim Zusammenleben mit ihnen werden Sie feststellen, dass sie regelmäßig ihre kleinen Marotten haben. Zum Beispiel immer an derselben Stelle zu scharren, so lange, bis sie das Blumenbeet komplett in Staub aufgelöst haben. Manche haben auch den Fimmel, ständig zu zweit herumzulaufen. Ich hatte einmal zwei solch symbiotische Orpington: Die Henne Plüschi (die dermaßen verdattert dreinschaute, dass man immer den Eindruck hatte, sie würde auf dem Mars landen) und ihre Kollegin Marie-Antoinette. Sie brüteten zusammen, sie bewegten sich zusammen, die eine an der Seite der anderen, wie siamesische Zwillinge, sie fraßen zusammen ... Wie ein Wesen mit zwei Körpern.

In einem großen Garten haben die Hühner auch ihren täglichen kleinen Rundgang. Im Verlauf der Tage entwickeln sie kleine Gewohnheiten, die je nach Laune, Wetter oder was auch immer wechseln.
Meine Hühner haben erst vor zwei oder drei Monaten festgestellt, dass meine Terrasse schön windgeschützt ist. Bis zu diesem Zeitpunkt haben sie sie gemieden. Aber nachdem sie entdeckt hatten, dass sie ein sehr angenehmer Urlaubsort ist, suchen sie die Terrasse systematisch auf, und zwar unweigerlich jeden Abend, bevor die Sonne untergeht. Man könnte die Uhr danach stellen. Dort glätten sie mit Wohlgefallen ihr Gefieder vor dem Schlafengehen. Dabei beobachten sie mich durch das Panoramafenster, wodurch ich das Gefühl habe, ein Goldfisch für die Hühner zu sein … („Wer unterhält hier wen?“, fragt man sich an manchen Tagen.) Wenn sie sich richtig wohlfühlen, hinterlassen sie manchmal ein paar Kackhaufen. Ich kann sie verjagen wie ich will, aber nichts da, sie kommen immer wieder zurück! Aber es wird noch besser, auf genau dieser Terrasse finde ich gerade Federchen vor, wie sie auf *meinem* Liegestuhl thront und majestätisch den Garten überblickt! Und Pummelchen, nachdem

Hühner machen ihre Siesta gerne immer am gleichen Ort.

Pummelchen, eine Marans-Henne, hat beschlossen, dass der Liegestuhl (und die Welt) ihr gehört.

sie Federchen bei ihrem kleinen Spielchen beobachtet hat, hat sich dazugesellt. Auch sie springt auf den Liegestuhl, um ihren Tag in Schönheit zu beenden, sehr zufrieden, etwas an Höhe gewonnen zu haben. Diese Vertraulichkeiten wären nicht weiter schlimm, wäre da nicht die ständige Panik, in irgendeinen Kackhaufen zu treten! Nun kann man nicht den ganzen Tag damit verbringen, seine Hühner zu überwachen und anzuschnauzen ...

Noch eine Marotte. Wir frühstücken manchmal bei geöffneter Terrassentür. Wie groß war eines Tages unsere Überraschung, als wir sahen, wie Federchen (immer sie!) ohne Umschweife ins Haus marschierte und zu fressen verlangte, indem sie ein autoritäres *gack-gack* ausstieß! Da wir das erste Mal nachgaben, weil es uns zum Lachen brachte, macht sie es seither jedes Mal, wenn eine Tür offen ist, und schert sich nicht darum, wenn man sie verjagt! Einmal wäre mir beinahe meine Schwiegermutter, eine ausgesprochene Städterin, in Ohnmacht gefallen, als sie eines Tages sah, wie das Huhn ohne Vorwarnung im Wohnzimmer aufgekreuzt ist ... Und es ist egal, welche Tür offen ist:

KOMMT ES IHNEN IN DEN SINN ZU KOOPERIEREN?

Es gibt nur ein einziges Mittel, den Hühnern etwas beizubringen (wobei sie auszuschimpfen nur momentane Wirkung zeigt; sie gehen schnell dazu über, wieder die Beete aufzuscharren, sobald man ihnen den Rücken zukehrt). Denn ihre Unabhängigkeit, ihr rebellischer und aufmüpfiger – anarchistischer – Geist haben eine große Schwäche. Eine Achillesferse. Einen nicht zu unterdrückenden wunden Punkt. Den Leckerbissen.
Manche Hühner sind fürchterlich verfressen! Angesichts eines Käsestückchens, eines saftigen Speckstückchens zählt für sie nichts anderes mehr, sie sind zu allem bereit! Und deshalb kann man ihnen Kunststücke beibringen. Zum Beispiel kann man ihnen mit Clickertraining, einer Form der Konditionierung von Delphinen und verbreitet von Hundetrainern angewendet, mittels Leckereien jede Menge kleiner lustiger Dinge beibringen, wie eine Glocke läuten, um eine Leckerei zu bekommen usw. Die Methode ist interessant, denn sie beruht auf der Kooperation des Tieres für seine Leckerei.

Es ist interessant zu sehen, wie schnell ein Huhn in der Lage ist, zu überlegen – im Rahmen seiner Fähigkeiten –, sobald es darum geht, eine Leckerei zu bekommen.
Aber ohne Leckerei können Sie den Hühnern den Buckel runterrutschen – noch bevor Sie ihnen etwas zum Thema Kooperation zeigen wollten.

Dieser Blumenkasten wird eine schlimme Viertelstunde erleben ...

Gack
Gack
Gack
Gack
Gack

Federchen dreht gewissenhaft Runde um Runde die ganze Glasfront entlang, um zu sehen, wo es reingeht. Es bleibt uns nichts anderes übrig, als alles zu schließen, wenn wir unsere Ruhe haben wollen.
Desgleichen wenn wir draußen auf der Wiese im Garten essen, haben wir die komplette Hühnerschar rund um unseren Tisch versammelt (und dazu noch Nachbars Katze). Auch das wäre nicht weiter schlimm, wäre da nicht das durchdringende Gegacker von Federchen, die uns auf keinen Fall ihre Anwesenheit vergessen lässt! Wir haben versucht, die Hühner während des Essens eingesperrt im Hühnerauslauf zu lassen, aber das hilft nichts. Sie sehen uns und nörgeln genauso herum ... eben von Weitem.
Aber in Wahrheit bringen uns diese ganzen Spielchen und Marotten dermaßen zum Lachen, dass wir es nicht übers Herz bringen, sie ernstlich auszuschimpfen. Und offensichtlich profitieren sie davon!

PHILOSOPHIE
EINES HUHNS IM STAUBBAD

Beim Beobachten meiner Hühner stellte ich zu meiner Überraschung fest, dass sie in Augenblicken äußerster Zufriedenheit in der Lage sind, regelrechte Grunzlaute von sich zu geben, die sogar einer Art Schnurren gleichen. Dieses glückselige Grunzen gibt das Huhn vor allem dann von sich, wenn es ein Staubbad nimmt. Das Staubbad ist sehr wichtig für das Huhn: Mit seiner Hilfe kann es sich putzen, sich von Parasiten befreien und sein Gefieder in Schuss halten. Für einen

Vogel ist ein schönes, dichtes und sehr sauberes Gefieder überlebensnotwendig. Wenn man beobachtet, wie ein Huhn sein Staubbad nimmt, bekommt man eine Vorstellung davon, was das größte Glück auf Erden sein kann.
Zunächst sucht sich das Huhn eine Stelle mit lockerer, staubigtrockener Erde aus, bevor es sich buchstäblich darin suhlt. Es fällt einem schwer, in diesem formlosen Federhaufen – ein Fuß hier, ein Fuß da, ein Flügel hier, ein Kopf da – ein Huhn zu erkennen. Es wirbelt die Erde auf, um damit seine aufgeplusterten Federn zu bedecken. Hin und wieder legt sich die Staubwolke. Der Vogel hält das Auge halb geschlossen, dann öffnet er es und schließt es wieder. Dann stößt er dieses zufriedene Grunzen aus. Das dauert. Das Huhn hat alle Zeit der Welt. Genüsslich lässt es sich von den Sonnenstrahlen wärmen. Dann fängt es wieder von vorn an. Es wälzt sich, suhlt sich, reibt seinen Kopf in der Erde, lässt den Staub von seinem Flügel in immer wieder neuen Verrenkungen aufwirbeln. Ein zweites Huhn kommt und sieht zu, beobachtet es, deutet dieselben Bewegungen an. Im nächsten Augenblick legt es sich neben das erste Huhn und so bleiben beide eng aneinander gelehnt liegen, bewegungslos, in engem Kontakt mit der Erde. Dann steht das zweite Huhn auf, auf der Jagd nach einem Insekt. Das erste Huhn bewegt sich nicht aus der Erdhöhle

weg. Dieses Huhn da, in seiner unendlichen Zufriedenheit, die aus seinem ganzen Wesen zu kommen scheint, lässt mich sehr nahe herankommen. Ich setze mich im Schneidersitz daneben, es empfängt mich mit einem *gaaaaack?* und nimmt dann, nachdem es meine Anwesenheit als unbedenklich eingestuft hat, sein Staubbad wieder auf, als ob nichts gewesen wäre.

Diese fast schon meditative Beobachtung des Huhns im Staubbad bringt für mich jahrhundertelange philosophische Debatten auf den Punkt: *Carpe diem*, „Nutze den Tag!" Das ist die Aufforderung der Philosophen „präsent" zu sein, die Aufforderung des Buddhismus, „im Hier und Jetzt" zu sein, der Rat der Psychologie „den Moment leben". Hier und jetzt nimmt das Huhn sein Staubbad, sein Sonnenbad, in lockerer frischer Erde, im Schatten des Kirschbaums, dessen grüne Früchte Form annehmen. Hier und jetzt grunzt das Huhn vor Glück. Vermenschlichung des Tieres? Nein. Das Huhn unterscheidet sich in nichts von mir. Weder durch die Atome in seinem Körper noch durch die Emotionen, die es fühlen kann. Es sieht die Welt nicht durch meine Augen, das schon. Es ist ein Huhn. Seine Sinne sind nicht auf dieselbe Weise geschärft wie die meinen. Sie sieht Nachbars Katze, still wie ein Phantom, während ich sie nicht sehe. Und sie stößt einen Warnruf aus, sobald sie dieses Katzentiers ansichtig wird, während es für mich nur ein Kater auf der Durchreise ist. Das Huhn und ich sind zwei unterschiedliche Arten. Aber wir sind beide Lebewesen, vergleichbar in unserem Glück, die Sonne auf dem Körper zu spüren, sich zu waschen, das Huhn in der Erde, ich in einem guten Schaumbad. Also ja: Dieses Huhn, das sein Staubbad in der Sonne nahm, war äußerst lebensfroh. Und das Huhn bringt uns zum Nachdenken. Warum waschen wir uns nicht mit derselben Intensität und dem Glück eines Huhns? Ohne Gefieder erfordert unsere Körperpflege zweifellos weniger Aufwand. Aber trotzdem. Für uns als Gefangene der Verpflichtungen, der Kümmernisse aus der Vergangenheit, der Sorgen in der Zukunft, immer unter Zeitdruck, sind die Augenblicke selten, in denen wir echte Freude an den Tag legen, wenn wir uns waschen. Nun, ein Huhn wäscht sich nicht mit Genuss, wenn es gestresst ist. Es bleibt starr und stumm oder es gerät in Panik und kreischt. Wir Menschen dagegen, wir waschen uns, auch wenn wir gestresst sind. Wie also genießen wir auf Hühnerart?

Das Huhn zeigt uns das Glück des Augenblicks. *Gaaack?* – es marschiert – *Gaaack?* – es hüpft. Dann rennt es plötzlich einem weißen Schmetterling hinterher: zu spät, das Insekt fliegt zu hoch, zu schnell. Das Huhn ist darüber nicht bekümmert, es ist schon zu etwas anderem übergegangen. Und scharrt und scharrt und scharrt und wirft das Moos hinter sich. Und ein Schnabelhieb und ein Blick und ein Schnabelhieb – was findet es auf diese Weise im Boden? Welches unbekannte winzige Völkchen lebt in der Erde, das wir nicht sehen und an dem es sich so ergötzt? Das Huhn ist von der aktiven Sorte: Gewissenhaft oder in großer Eile sucht es, scharrt es, bewegt es sich. Aber es kann auch stundenlang unter den Bäumen faulenzen. Es ist präsent. *Carpe diem*, sagt uns das Huhn.

Hühner-Casting

Nackthalshuhn

Allen, die den Geier-Look mögen, bietet das Nackthalshuhn mit seinem nackten Hals und Kropf einen originellen Anblick.

Brahma

Dieses riesige Huhn mit befiederten Zehen ist asiatischer Herkunft. Es ist ruhig und leicht zu zähmen und legt relativ kleine Eier im Verhältnis zu seiner Größe.

Houdan

Eigentlich ein französisches Fleischhuhn, ist es aufgrund seines originellen Aussehens zum Zierhuhn geworden. Es trägt eine beeindruckende Haube.

Sebright

Diese Zwergrasse britischer Herkunft ist wegen seines sehr hübschen Gefieders, dessen einzelne Federn schwarz gesäumt sind (was wie Pailletten aussieht), weit verbreitet.

Australorp

Hierbei handelt es sich um ein großes Huhn (es gibt aber auch eine Zwergform) von ruhigem Charakter. Die Hennen legen viele Eier. Australorps haben helle Fußsohlen bei ansonsten dunklen Läufen.

Niederrheiner

Eine ruhige Rasse, deren Gefieder hübsch gesperbert ist. Gesperbert bedeutet, dass jede Feder quer gestreift ist, im Zusammenspiel ergibt das ein schönes Muster. Niederrheiner sind gute Leger.

La Flèche

Das pechschwarze La Flèche mit seinem Hörnerkamm ist leicht zu erkennen. Diese französische Rasse ist ziemlich selten.

Sussex

Diese Britin trägt häufig weiß-schwarzcolumbiafarbenes Gefieder. Sie kommt ziemlich häufig vor, denn sie wird sowohl als Fleisch- als auch als Eierproduzentin geschätzt.

Manchmal auch als „Huhn, das goldene Eier legt" bekannt. Dieses Huhn zählt zweifellos mit zu den bekanntesten französischen Rassen aufgrund seiner sehr dunklen und großen Eier. Seine Zehen sind befiedert.

Dieser sanftmütige Diplodocus-Saurier stammt aus England und ist ein guter Winterleger (helle Eier) mit bauschigem Gefieder. Orpington-Hennen sind gute Glucken.

Italiener sind agil und robust, sie lieben und brauchen große Ausläufe. Die Tiere lassen sich schwerer zähmen als andere Hühner, punkten aber mit ihrem Legefleiß.

Dieses ruhige und sanftmütige, pummelige Zwerghuhn chinesischer Abstammung hat ein vollkommen plüschiges Gefieder. Es ist eine gute Glucke.

Araucana

Kein originelleres Huhn als die Araucana! Diese schwanzlose Rasse legt türkisfarbene Eier. Sie stammt aus Südamerika.

Barnevelder

Barnevelder sind eine weit verbreitete Rasse, der Hühnerneuling dürfte keine Schwierigkeiten haben, Exemplare zu bekommen (nur der Farbenschlag Blau ist eher selten). Barnevelder legen gut.

Chabo

Das sehr alte Zierhuhn japanischer Herkunft wiegt rund 500 g. Dieses Mikrohuhn gilt als sehr sanftmütig; die Hennen sind gute Brüterinnen.

Seidenhuhn

Diese sehr alte chinesische Rasse hat ein besonderes, sehr seidiges Gefieder: Es fühlt sich fast wie ein Fell an. Das Huhn hat je fünf Zehen und seine Haut ist schwarz. Es ist eine sehr engagierte Glucke.

In Gack we trust ....

Hühnographie

Zur Auswahl der passenden Rasse:

- Krause, A./Bauer, W.: Garten sucht Hühner. Die besten Rassen für kleine Gärten. Verlag Eugen Ulmer, Stuttgart 2018
- Schmidt, H./Proll, R.: Taschenatlas Hühner und Zwerghühner. 182 Rassen für Garten, Haus, Hof und Ausstellung. Verlag Eugen Ulmer, Stuttgart 2014

Zur Ausstattung des Hühnerstalls:

- Bauer, W.: Hühnerställe bauen. Verlag Eugen Ulmer, Stuttgart 2018
- Husson, H.: Ideenbuch Hühnerställe. 12 Modelle Schritt für Schritt selbstgebaut. Verlag Eugen Ulmer, Stuttgart 2015

Sonstiger Lesestoff rund ums Huhn:

- Bauer, W.: Superfood für Hühner, Tauben & Co. frisch und selbstgemischt. Verlag Eugen Ulmer, Stuttgart 2017
- Husson, H.: Alles über Hühner. Artgerechte Hobbyhaltung, Zucht und die passenden Rassen für den Garten. Verlag Eugen Ulmer, Stuttgart 2016
- Peitz, P. und L.: Hühner halten. Alles über Versorgung, Pflege und Rassen. Verlag Eugen Ulmer, Stuttgart 2015

Danksagungen

Mein Dank gilt Caroline Bouchet für ihre kritische Beleuchtung von „Hühnerangelegenheiten", Christophe Gleize (dem König der Orpington), Caroline, Benoît, Héloïse und der Familie Faucon, Jean-Pierre und Brigitte Caparros (dafür, dass sie meinen Hahn ertragen, die Hühner gefüttert und immer und immer wieder die Eier gesucht haben), Matthieu Vaslin (Versorger meiner Challans-Hühner), Jean-Claude Roeland und seiner Familie für ihre Ermutigung und ihre Anspielungen, Laurence, Pascal, Léa und Anouk Girard (die Hühner wie auf Kommando abrichten), Annaïg Servain für ihre abscheulichen Geschichten, Fuilhem Lesaffre (der noch die abwegigsten Fragen beantworten kann), Jacqueline Houtart, Georges Chatel und meiner Großmutter für ihre stets schillernden Ausdrücke und Geschichten.

Danke an Philippe Dubois, meinen Lebensgefährten, dass er seine Skepsis in Bezug auf das Federvieh überwunden hat und zu dessen glühendem Verteidiger geworden ist.
Danke an Jeremy, Valentin und Jan für ihre Unterstützung bei den zahlreichen Hühnergeschichten und das Ritual der Käserinden.

Ein ganz besonderer Dank gilt meinem Vater, der mir mindestens drei Hühnerställe gebaut und repariert hat! Meinem Bruder, der unzählige Küken gebracht hat und der Hühner imitieren kann wie niemand sonst. Meiner Mutter, die so häufig Kükeninvasionen erduldet hat.

Schließlich gilt mein Dank Michel Larrieu, meinem Verleger, dass er mich zu diesem Projekt ermutigt und es verwirklicht hat.

Neuigkeiten über Dickmadam, Hühner und andere Tiere finden Sie auf dem Blog: http://lesbiodiversitaires.over-blog.fr

Bildnachweis:
Alle Fotos und Zeichnungen im Innenteil stammen von der Autorin.
Titelfoto: ©lifeonwhite.com
Titelzeichnung: Élise Rousseau

Titel der französischen Originalausgabe: Élise Rousseau, Tout pour ma poule, la choyer, la soigner, l'élever © 2015, Delachaux et Niestlé, Paris

Aus dem Französischen von Claudia Händel.

Bibliografische Information der Deutschen Nationalbibliothek
Die Deutsche Nationalbibliothek verzeichnet diese Publikation in der Deutschen Nationalbibliografie; detaillierte bibliografische Daten sind im Internet über http://dnb.d-nb.de abrufbar.

Wollgrasweg 41, 70599 Stuttgart (Hohenheim)
E-Mail: info@ulmer.de
Internet: www.ulmer.de
Lektorat: Kathrin Gutmann, Antje Krause
Herstellung: Ulla Stammel, Katharina Merz
Umschlag-Konzeption: Ruska, Martín, Associates GmbH, Berlin
Umschlag-Gestaltung: Verlag Eugen Ulmer
Satz: r&p digitale medien, Echterdingen
Druck und Bindung: Westermann Druck, Zwickau
Printed in Germany

ISBN 978-3-8186-0190-4

Hier können Sie weiterlesen:

Das leise Glucksen und Gackern einer Handvoll Hühner bedeutet Entspannung pur! Ob federfüßige Zwerghühner, die gemächlich durch den Garten spazieren oder behäbige Amrocks, die eierlegende Wollmilchsau unter den Hühnerrassen, – hier werden Sie garantiert fündig! Und keine Sorge: Mit der richtigen Hühnerrasse bleibt Ihre Grasnarbe im Garten erhalten, benötigen Sie keinen Gehörschutz und Stressbewältigung in Form von Kuscheln ist inklusive. Und die weltbesten Eier bekommen Sie frei Haus geliefert!

Garten sucht Hühner. Die besten Rassen für kleine Gärten. A. Krause, W. Bauer. 2018. 128 Seiten, 120 Farbfotos, Klappenbroschur. ISBN 978-3-8186-0341-0.

Vor allem für Anfänger beantwortet Hervé Husson zuerst die häufigsten Fragen zur artgerechten Hühnerhaltung. Er gibt Tipps zum sicheren Hühnerstall und Auslauf, zu Fütterung, Gesunderhaltung, Hygiene, der Entscheidung, ob Rasse- oder Hybridhühner, zu Zucht, Verhalten und dem Umgang mit Hühnern. Außerdem: 32 Rasseporträts, Hühnerkrankheiten und Symptome als Übersichten, die Hühner-Hausapotheke und viele Bild-für-Bild-Anleitungen. Begleiten Sie den Autor durch den Hühneralltag in seinem Garten, sammeln Sie mit ihm die Eier ein, und lassen Sie sich begeistern.

Alles über Hühner. Artgerechte Hobbyhaltung, Zucht und die passenden Rassen für den Garten. H. Husson. 2016. 256 Seiten, 325 Farbfotos, 45 Zeichnungen, geb. ISBN 978-3-8001-0388-1.